Friedrich Dingeldey

Topologische Studien über die aus ringförmig geschlossenen Bändern durch gewisse Schnitte erzeugbaren Gebilde

Friedrich Dingeldey

Topologische Studien über die aus ringförmig geschlossenen Bändern durch gewisse Schnitte erzeugbaren Gebilde

ISBN/EAN: 9783743693524

Hergestellt in Europa, USA, Kanada, Australien, Japan

Cover: Foto ©berggeist007 / pixelio.de

Weitere Bücher finden Sie auf **www.hansebooks.com**

TOPOLOGISCHE STUDIEN

ÜBER DIE

AUS RINGFÖRMIG GESCHLOSSENEN BÄNDERN DURCH GEWISSE SCHNITTE ERZEUGBAREN GEBILDE

VON

DR. FRIEDRICH DINGELDEY,

PRIVATDOCENT AN DER TECHNISCHEN HOCHSCHULE ZU DARMSTADT.

MIT 37 FIGUREN IM TEXT UND 5 LITHOGRAPHIRTEN TAFELN.

LEIPZIG,

DRUCK UND VERLAG VON B. G. TEUBNER.

1890.

Vorrede.

In seiner Abhandlung „Ueber eine Reihe neuer mathematischer Erfahrungssätze“[1]) hat Herr Oskar Simony in Wien die Forderung einer „concreten Geometrie“ als einer empirischen Disciplin gestellt, in welcher den Elementen der untersuchten räumlichen Gebilde ausser den Eigenschaften endlicher Ausdehnung und Beweglichkeit noch gegenseitige Undurchdringlichkeit beigelegt wird, folglich weder Coincidenzen von Linien mit Linien, noch solche von Flächen mit Flächen im Sinne der Geometrie Euklid's denkbar sind. Die Gebilde der concreten Geometrie (concrete Linien, Flächen und Körper) könnten — eine bestimmte Mannigfaltigkeit als Operationsgebiet vorausgesetzt — alle überhaupt mit den Eigenschaften jener Mannigfaltigkeit vereinbaren Formänderungen durchlaufen, wenn nicht die gegenseitige Undurchdringlichkeit der einzelnen Elemente dieser Gebilde vorhanden wäre, und so postulirt denn Herr Simony als eine specifische Aufgabe dieser Geometrie: zu untersuchen, inwieweit die Einführung der Eigenschaft der Undurchdringlichkeit den Formenkreis jedes gegebenen Gebildes in der als Operationsgebiet gegebenen Mannigfaltigkeit einschränke.

Die concrete Geometrie hat sich daher bei ihren Untersuchungen in erster Linie auf jene Wissenschaft zu beziehen, welche Johann Benedict Listing als „Topologie“ bezeichnete und folgendermassen definirte[2]): „Unter der Topologie soll die Lehre von den modalen Verhältnissen räumlicher Gebilde verstanden werden, oder von den Gesetzen des Zusammenhangs, der gegenseitigen Lage und der Aufeinanderfolge von Punkten, Linien, Flächen, Körpern und ihren Theilen oder ihren Aggregaten im Raume, abgesehen von den Mass- und Grössenverhältnissen.“

---

1) Sitzungsberichte der kaiserlichen Akademie der Wissenschaften in Wien, Bd. 88, Abth. 2, S. 967, 1883.

2) „Vorstudien zur Topologie“, Göttinger Studien, 1847, erste Abtheilung, S. 814.

Gleich der reinen Topologie abstrahirt auch die concrete Geometrie von allen Mass- und Grössenverhältnissen der betreffenden Objecte, so dass z. B. vom Standpunkte dieser Geometrie alle diejenigen Gebilde demselben Formenkreis angehören, welche ohne Aufhebung der gegenseitigen Undurchdringlichkeit ihrer Elemente, also ohne Trennung und spätere Wiedervereinigung der letzteren in einander übergeführt werden können. —

Auf die Grösse und geometrische Begrenzungsweise der in Betracht gezogenen Gebilde kommt es im übrigen nicht an. Es ist also von diesem Standpunkte aus ganz gleichgiltig, welche geometrische Gestalt z. B. irgend ein ringförmig geschlossenes Band, das vorerst nicht mit Knoten oder anderen Verschlingungen versehen sei, besitzt, ob dasselbe in der Form eines beliebig gekrümmten Ovals oder etwa in der Form irgend eines geradlinig begrenzten räumlichen Polygons vorliegt. Vom topologischen Standpunkte aus wären bei einem solchen Bande nur Anzahl und Sinn der etwa in demselben befindlichen Torsionen wesentlich, sie allein sind für das betreffende Band topologisch invariant, denn sie können zwar in demselben verschoben, aber in Anzahl und Sinn ohne irgend welchen Schnitt nicht verändert, weder vermehrt noch verringert werden. Ist andererseits das geschlossene Band in beliebiger Weise verschlungen, mit irgend welchen Knoten versehen, so lässt sich häufig eine und dieselbe Verschlingung in mannigfacher Weise in verschiedene Gestalten überführen; alle diese in einander transformirbaren Gebilde sind alsdann wiederum einander äquivalent.

Als einfachstes Gebilde der concreten Geometrie erscheint die concrete, knotenfreie, ringförmig geschlossene Linie, die in den nachfolgenden Untersuchungen durch ein ringförmig geschlossenes Band repräsentirt sein möge. Durch gewisse topologische Processe, d. h. mechanische Operationen, die in bestimmter Weise mit dem geschlossenen Bande vorgenommen werden, gehen aus demselben andere, topologisch von einander verschiedene Gebilde hervor, deren Gestalt abhängig sein wird einerseits von der Art des betreffenden topologischen Processes, andererseits von der Anzahl der in dem Bande ursprünglich vorhandenen Torsionen.

Was hierbei die in dem Bande ursprünglich vorhandenen Torsionen um irgend welche Vielfache von 180^0 [1]) betrifft, so treten uns zwei wesentlich verschiedene Fälle entgegen, indem diese Anzahl gerade

1) Die nähere Erläuterung dieses Begriffes wird in § 1 des zweiten Abschnittes gegeben.

(einschliesslich der Null) oder ungerade sein kann. Beide Fälle sind, vom topologischen Standpunkte betrachtet, scharf auseinander zu halten, indem ein geschlossenes Band mit einer ungeraden Anzahl Torsionen nur eine Randcurve besitzt. Die beiden Seiten des Bandes gehen nämlich in diesem Falle der Art in einander über, dass man, von einem beliebigen auf der einen Seite des Bandes gelegenen Punkte aus fortschreitend, ohne Durchbrechung des Bandes oder Ueberspringen seiner Randcurve auf dessen andere Seite (wenn es überhaupt gestattet ist bei solchen Flächen von zwei Seiten zu reden) gelangen und bei weiterem Fortschreiten wieder zur Ausgangsstelle zurückkehren kann. Diese Thatsache scheint zuerst von Möbius[1]) hervorgehoben worden zu sein; doch war dieselbe vielleicht auch bereits Listing bekannt, der sie zwar nirgends erwähnt, aus dessen Untersuchungen[2]) sie sich jedoch leicht ergibt. Bei geschlossenen Bändern, die untordirt oder mit einer geraden Anzahl von Torsionen versehen sind, ist es jedoch unmöglich von der einen Seite des Bandes ohne Durchbrechung desselben oder Ueberspringen seiner Randcurve auf die andere Seite zu gelangen.

Jene mit nur einer Randcurve versehenen Bänder würden unter die von Herrn Klein als „Doppelflächen" bezeichneten[3]) Gebilde zu rechnen sein. „Errichtet man bei ihnen auf einem Flächenelement in bestimmtem Sinne eine Normale und lässt man dieselbe mit ihrem Fusspunkte über die Fläche wandern, so kann man zum Ausgangspunkte mit umgekehrtem Sinne der Normalrichtung zurückkehren." Man kann nach Herrn Klein bei diesen Flächen auch folgendermassen verfahren: „Man zeichne in dem Flächenelemente eine in sich zurücklaufende Curve (Indicatrix) und belege sie mit dem einen oder anderen Sinne. Eine Fläche heisst dann und nur dann eine Doppelfläche, wenn es möglich ist, diese Indicatrix so über die Fläche hin bis zu ihrer ursprünglichen Stelle zurück zu verschieben, dass der Sinn der Indicatrix umgekehrt scheint."

---

1) „Ueber die Bestimmung des Inhaltes eines Polyeders", Berichte über die Verhandlungen der kgl. sächsischen Gesellschaft der Wissenschaften zu Leipzig, math.-phys. Classe, 1865, Bd. 17, S. 41, oder Möbius' gesammelte Werke, Bd. II, S. 484. Wie Herr Curt Reinhardt bemerkt, hat seine Durchsicht von Möbius' Nachlass ergeben, dass die Auffindung dieser Flächen mit nur einer Randcurve (deren einfachsten Fall das sogenannte Möbius'sche Blatt darstellt) mit ziemlicher Bestimmtheit auf das letzte Viertel des Jahres 1858 zu verlegen ist. (Vgl. Möbius' Gesammelte Werke, Bd. II, S. 518—520.)

2) A. a. O. S. 857 f.

3) S. h. die Abhandlung von Herrn Klein: „Ueber den Zusammenhang der Flächen." Math. Annalen, Bd. 9, S. 479, 1875.

Wendet man nun auf diese zwei verschiedenen Arten des ringförmig geschlossenen, knotenfreien Bandes einen und denselben topologischen Process an, so werden sich daher zwei wesentlich verschiedene Kategorieen topologischer Gebilde ergeben. Man bezeichnet mit Herrn Simony solche Kategorieen überhaupt als Gattungsbegriffe. Die Anwendung eines und desselben topologischen Processes auf verschiedene ringförmig geschlossene Bänder derselben Art, z. B. auf solche Bänder, die eine ungerade, übrigens von Fall zu Fall verschiedene Anzahl von Torsionen enthalten, wird alsdann topologisch verschiedene Gebilde (Typen) eines und desselben Gattungsbegriffes ergeben. —

Nach einer den ersten Abschnitt vorliegender Abhandlung bildenden historischen Einleitung werden im zweiten Abschnitte diejenigen Gebilde untersucht, welche entstehen, wenn man durch ein mit beliebig vielen Torsionen versehenes ringförmig geschlossenes Band einen Längsschnitt führt, welcher in der Mittellinie des Bandes (§ 1) oder parallel zu derselben (§ 2) in sich selbst zurückkehrend verläuft. Die principielle Einfachheit der diesbezüglichen Gesetze bringt es mit sich, dass auch die Form ihrer Darstellung, einmal gegeben, keiner wesentlichen Abänderung mehr fähig ist. Aus diesem Grunde habe ich, mit gütiger Bewilligung Herrn Simony's, die betreffenden Erörterungen und Figuren seiner im Jahre 1881 in dritter Auflage erschienenen Brochure „Gemeinfassliche, leicht controlirbare Lösung der Aufgabe: ‚In ein ringförmig geschlossenes Band einen Knoten zu machen' und verwandter merkwürdiger Probleme"[1]) entnommen.

Enthielt das geschlossene Band ursprünglich eine gerade Anzahl von Torsionen um je 1×180^0 oder, was dasselbe bedeutet, beliebig viele Torsionen um je 2×180^0, so liefert ein Schnitt längs der Mittellinie zwei ringförmig geschlossene Bänder, welche mit einander in einer gewissen Verbindung stehen, die in § 1 des zweiten Abschnittes näher definirt ist. Die Art und Weise dieser Verbindung hängt natürlich noch von dem Sinn und der Menge der Torsionen um 2×180^0 ab. War jedoch die Anzahl der ursprünglich vorhandenen Torsionen ungerade, so liefert jener Schnitt ein einziges wiederum ringförmig geschlossenes Band, das im allgemeinen mit einem in § 1 gleichfalls näher definirten Knoten versehen ist. Auch hier hängt natürlich wieder die Art und Weise, wie dieser Knoten gewunden ist, ab von dem Sinn und der Anzahl der ursprünglich vorhandenen Torsionen um ungerade Vielfache von 180^0.

---

1) Wien, Verlag von Gerold & Comp.

Die soeben kurz berührten Gattungsbegriffe der Verbindung und des Knotens genügen nun auch, um zwei andere Gruppen topologischer Gebilde vollständig und einfach zu beschreiben, die man durch gewisse Verdrehungen erhält, die dem geschlossenen Bande ertheilt werden. Diese Operation und ein weiterer aus ihr hervorgehender topologischer Process werden im dritten Abschnitte vorliegender Abhandlung betrachtet.

Ein vierter Abschnitt behandelt die Erzeugungsweise von Verbindungen und Knoten bei geschlossenen Flächen, die aus beliebig vielen tordirten oder untordirten Streifen derart zusammengesetzt sind, dass die Mittellinien der einzelnen Streifen gerade so in zwei Punkten zusammenlaufen, wie etwa die Meridiane einer Kugel in den beiden Polen. Ein längs den Mittellinien sämmtlicher Streifen in sich selbst zurücklaufender Schnitt liefert alsdann mitunter sehr verwickelte Gebilde, welche zunächst für den Fall von drei, mit beliebigen Torsionen behafteten Streifen von Herrn J. L. Schuster in Wien eingehend untersucht und nach ihren Grundtypen oder topologischen Gattungsbegriffen classificirt worden sind.*) Ich gebe nun diejenigen Fälle an, in welchen bei einer aus beliebig vielen Streifen zusammengesetzten Fläche durch jenen Mittelschnitt Verbindungen und Knoten entstehen.

Die vorliegende Schrift ist sonach ein propädeutischer Versuch, einige derjenigen Thatsachen zusammenzustellen, welche in naher Beziehung zu den Elementen der concreten Geometrie stehen. Möge sie vor Allem denjenigen Fachgenossen dienlich sein, welche zum Zwecke eigener weiterer Forschungen das schwer zu bebauende, aber weite Gebiet jener Disciplin betreten; möge sie ferner zum näheren Studium der in der historischen Einleitung kurz skizzirten Schriften anregen!

1) „Ueber jene Gebilde, welche geschlossenen, aus drei tordirten Streifen hergestellten Flächen durch gewisse Schnitte entspringen.“ Sitzungsber. d. kais. Akad. d. Wissensch. in Wien, Bd. 97, Abth. 2, S. 217–246, 1888.

Inhalts-Verzeichniss.

Erster Abschnitt.

Ueberblick über die historische Entwickelung der Topologie.

Zweiter Abschnitt.

Erzeugung einfacher Verbindungen und Knoten in ringförmig geschlossenen tordirten Bändern durch Schnitte längs der Mittellinie oder parallel zu derselben.

Dritter Abschnitt.

Ueber Erzeugung einfacher Verbindungen und Knoten mit Hilfe des topologischen Rotationsprocesses.

Vierter Abschnitt.

Ueber Erzeugungsweisen einfacher Verbindungen und Knoten in geschlossenen Flächen, welche in gewisser Weise aus beliebig vielen tordirten Streifen hergestellt sind.

Erster Abschnitt.

Ueberblick über die historische Entwickelung der Topologie.

§ 1. Leibniz und Listing.

Diejenige Kategorie mathematischer Untersuchung eines Gebildes, welche nur die gegenseitige Lage und Anordnung von dessen einzelnen Theilen, nicht aber die Mass- und Grössenverhältnisse berücksichtigt, ist bisher nur selten in einigermassen abgegrenzter Weise behandelt worden, wurde vielmehr fast bis in die Mitte dieses Jahrhunderts lediglich bei geometrischen Untersuchungen irgendwelcher Art gelegentlich berührt. Bereits Leibniz hatte in einem Briefe vom 8. September 1679 an Huyghens[1]) den ersten Gedanken einer wissenschaftlichen Bearbeitung jener Seite der Geometrie, die nur die Lage und Anordnung eines räumlichen Gebildes berücksichtigt, geäussert, ohne denselben jedoch weiter auszuführen, denn Leibniz' Versuch einer neuen „geometrischen Charakteristik" gehört ebenso wie die im Jahre 1844 sich daran anschliessende berühmte Grassmann'sche Ausdehnungslehre mehr der Geometrie im gewöhnlichen Sinne des Wortes an.[2]) Leibniz sagt in jenem Briefe wörtlich: „Je croy qu'il nous faut encor une analyse proprement geometrique ou lineaire, qui nous exprime directement situm, comme l'Algebre exprime magnitudinem." Uebrigens wollte Leibniz auch seinen Versuch von der ihm als fernes Ziel vor Augen schwebenden rein geometrischen Analyse getrennt wissen.

Des historischen Interesses wegen sei hier der eigenthümlichen Beurtheilung dieser geometrischen Analyse durch Kant gedacht, welcher in seiner Schrift „Von dem ersten Grunde des Unterschiedes der

---

1) Leibnizens mathematische Schriften, hrsgg. von C. J. Gerhardt, erste Abtheilung, Bd. II, Berlin 1850, S. 19.

2) Näheres über die Leibniz'sche Charakteristik findet man ausser in dem soeben citirten Briefe noch in der Preisschrift von Grassmann: „Geometrische Analyse geknüpft an die von Leibniz erfundene geometrische Charakteristik" (Preisschriften gekrönt und herausgegeben von der Fürstlich Jablonowski'schen Gesellschaft zu Leipzig, Nr. I der math.-naturw. Section, Leipzig 1847).

Gegenden im Raume"[1]) (1768) sagt: „Der berühmte Leibniz besass viel wirkliche Einsichten, wodurch er die Wissenschaften bereicherte, aber noch viel grössere Entwürfe zu solchen, deren Ausführung die Welt von ihm vergebens erwartet hat. Ob die Ursache darin zu setzen, dass ihm seine Versuche noch zu unvollkommen schienen, eine Bedenklichkeit, welche verdienstvollen Männern eigen ist, und die der Gelehrsamkeit jederzeit viel schätzbare Fragmente entzogen hat, oder ob es ihm gegangen ist, wie Boerhave von grossen Chemisten vermuthet, dass sie öfters Kunststücke vorgaben, als wenn sie im Besitze derselben wären, da sie eigentlich nur in der Ueberredung und dem Zutrauen zu ihrer Geschicklichkeit bestanden, dass ihnen die Ausführung derselben nicht misslingen könnte, wenn sie einmal dieselbe übernehmen wollten, das will ich hier nicht entscheiden. Zum wenigsten hat es den Anschein, dass eine gewisse mathematische Disciplin, welche er zum voraus Analysin situs betitelte und deren Verlust unter Andern Buffon bei Erwägung der Zusammenfaltungen der Natur in den Keimen bedauert hat, wohl niemals etwas mehr, als ein Gedankending gewesen sei."

In weit näherer Beziehung zur eigentlichen Geometrie der Lage stehen Untersuchungen von Euler[2]) über gewisse Aufgaben des sogenannten Rösselsprunges, sowie Bemerkungen von Vandermonde[3]) über die Art und Weise, wie ein Faden geführt werden muss, um die Maschen eines gegebenen Gewebes darzustellen, und besonders gehört hierher die bekannte Euler'sche Polyederformel, nach der bei einem gewöhnlichen Polyeder (mit nicht mehrfach zusammenhangender Oberfläche), das e Ecken und f Seitenflächen besitzt, die Anzahl der Kanten gleich $e + f - 2$ ist.[4]) Ich bemerke hierbei noch, dass nach Baltzer[5]) diese Formel sich bereits in einem im Jahre 1860 von

1) Immanuel Kant's sämmtliche Werke, hrsgg. von G. Hartenstein, Bd. II, Leipzig 1867, S. 385.

2) „Solution d'une Question curieuse qui ne parait soumise à aucune Analyse." Histoire de l'Académie Royale des Sciences et Belles-Lettres, année 1759, Berlin 1766, pag. 310—337.

3) „Remarques sur les problèmes de Situation." Mémoires de Mathématique et de Physique de l'Académie Royale des Sciences, année 1771, Paris 1774, pag. 566—574.

4) „Elementa doctrinae solidorum", sowie „Demonstratio nonnullarum insignium proprietatum, quibus solida hedris planis inclusa sunt praedita." Novi Commentarii Academiae Scientiarum Imperialis Petropolitanae, Tom. IV, ad annum 1752 et 1753, Petropoli 1758, pag. 109—140 und 140—160.

5) „Zur Geschichte des Euler'schen Satzes von den Polyedern und der regulären Sternpolyeder." Monatsberichte der Berliner Akademie vom Jahre 1861, Berlin 1862, S. 1043—1046.

Foucher de Careil herausgegebenen Fragmente von Descartes befindet, dass sie aber den Namen Euler's trägt, weil dieser sie neu entdeckte und zuerst publicirte. Von Legendre[1]), Poinsot[2]), L'Huilier[3]), Cauchy[4]), Steiner[5]), Staudt[6]), Möbius[7]), Cayley[8]), Listing[9]) u. A. wurde später diese Formel theils auf andere Arten bewiesen, theils auf complicirter gestaltete Polyeder ausgedehnt, resp. entsprechend modificirt. Listing besonders stellte in seiner unten citirten sehr interessanten Schrift eine für beliebige Complexe von Punkten, Linien, Flächen und Räumen giltige Formel auf.

Untersuchungen aus dem Gebiete der Geometria situs wurden auch von Gauss als besonders wichtig bezeichnet, in dessen Nachlass sich eine im Jahre 1833 niedergeschriebene Stelle findet[10]), in der es heisst: „Von der Geometria situs, die Leibniz ahnte, und in die nur einem Paar Geometern (Euler und Vandermonde) einen schwachen Blick zu thun vergönnt war, wissen und haben wir nach anderthalbhundert Jahren noch nicht viel mehr als nichts. Eine Hauptaufgabe aus dem Grenzgebiet der Geometria situs und der Geometria magnitudinis wird die sein, die Umschlingungen zweier geschlossener oder unendlicher Linien zu zählen." Gauss stellt dann hierüber den folgenden Satz auf: Sind x, y, z die Coordinaten eines unbestimmten Punktes der ersten, x', y', z' eines solchen der zweiten Linie, so ist das Doppelintegral

---

1) „Eléments de géométrie", Livre VII, Proposition 25, Paris 1794.

2) „Sur les Polygones et les Polyèdres." Journal de l'école polytechnique, 10. Heft (Bd. IV), pag. 16—48, 1810.

3) „Mémoire sur la polyédrometrie; contenant une démonstration directe du théorème d'Euler sur les polyèdres, et un examen de diverses exceptions auxquelles ce théorème est assujetti" (extrait par M. Gergonne). Annales de mathématiques pures et appliquées, rédigé par Gergonne, Tome III, pag. 169—189, 1812.

4) „Rècherches sur les polyèdres", 2. partie. Journal de l'école polytechnique, 16. Heft (Bd. IX), pag. 76—86, 1813.

5) „Leichter Beweis eines stereometrischen Satzes von Euler." Crelle's Journal, Bd. I, S. 364—366, 1826.

6) „Geometrie der Lage." Nürnberg 1847, S. 20 f.

7) „Mittheilungen aus Möbius' Nachlass." Möbius' gesammelte Werke, Bd. II, S. 546 ff.

8) „On the Partitions of a Close." The London, Edinburgh and Dublin Philosophical Magazine, Vol. 21, pag. 424—428, 1861.

9) „Der Census räumlicher Complexe." Göttingen 1862, sowie „Ueber einige Anwendungen des Census-Theorems". Nachrichten der kgl. Gesellschaft der Wissenschaften zu Göttingen, Jahrgang 1867, S. 430—447. Hieran anschliessend wäre noch zu nennen eine Arbeit von M. Feil: „Ueber Euler'sche Polyeder." Sitzungsberichte d. kais. Akad. d. Wissensch. in Wien, Bd. 93, Abth. 2, S. 869—898, 1886.

10) „Gauss' Werke," Bd. V, S. 605.

$$\iint \frac{\Delta}{[(x'-x)^2+(y'-y)^2+(z'-z)^2]^{\frac{3}{2}}}, \text{ wo } \Delta = \begin{vmatrix} x'-x & dx & dx' \\ y'-y & dy & dy' \\ z'-z & dz & dz' \end{vmatrix},$$

durch beide Linien ausgedehnt, gleich $4m\pi$, wo m die Anzahl der Umschlingungen bedeutet. Später hat Maxwell[1]) erkannt und Bödicker[2]) bewiesen, dass es nöthig ist, hierbei zwei Arten von Umschlingungen zu unterscheiden, wodurch die Zahl $4m\pi$ etwas modificirt wird.

Mehrfach von Gauss auf die Wichtigkeit der Geometria situs aufmerksam gemacht, hat Johann Benedict Listing sich dem neuen Gebiete zugewandt und einige seiner Resultate in seinen „Vorstudien zur Topologie" im Jahre 1847 publicirt. Listing führte nämlich für diese Art Untersuchungen den Namen „Topologie" ein, da die „von Leibniz vorgeschlagene Benennung 'geometria situs' an den Begriff des Masses erinnere, und mit dem bereits für eine andere Art geometrischer Betrachtungen gebräuchlich gewordenen Namen 'géométrie de position' collidire".[3])

Listing erläutert in seiner Schrift an einigen Beispielen die Möglichkeit und Bedeutung der neuen Disciplin. Als erstes wählt er die sogenannte „Position". Er denkt sich einen beliebigen Körper mit drei in dem Innern des Körpers sich rechtwinklig kreuzenden Geraden oder Axen versehen, bezeichnet den Kreuzungspunkt durch 0, drei auf den Axen beliebig gewählte Punkte resp. durch 1, 2, 3 und endlich drei auf der entgegengesetzten Seite des Nullpunktes auf den entsprechenden Axen gewählte Punkte durch $\bar{1}$, $\bar{2}$, $\bar{3}$, so dass gleiche Zahlzeichen, wie 02 und 0$\bar{2}$, den zwei entgegengesetzten Richtungen einer und derselben Axe angehören. Unter Positionen versteht nun Listing solche Stellungen zweier mit ihren Dimensionsaxen ausgerüsteten Körper A und B, dass jede der drei Axen des einen Körpers mit je einer (übrigens beliebigen) der drei Axen des anderen gleichgerichtet ist. Dabei ist es ganz gleichgiltig, welche Lage oder Grösse die die Nullpunkte der beiden Körper verbindende Gerade besitzt. Die Position von B in Bezug auf A bezeichnet nun Listing durch pos $(A)B$, die von A in Bezug auf B durch pos $(B)A$, und es bedeutet z. B. pos $(A)B = \bar{2}\bar{1}3$, dass die Axen $\bar{2}$, $\bar{1}$, 3 von B gleichgerichtet sind resp. mit den Axen 1, 2, 3 von A. Die Anzahl der möglichen Posi-

1) „A treatise on Electricity and Magnetism", Vol. II, Oxford 1873, pag. 40 f.

2) „Erweiterung der Gauss'schen Theorie der Verschlingungen mit Anwendungen in der Elektrodynamik." Stuttgart 1876.

3) Ueber die Listing'sche Definition des Begriffes „Topologie" vgl. S. III der Vorrede zu vorliegender Schrift.

tionen eines Körpers scheint auf den ersten Blick 48 zu betragen, denn sie scheint übereinzustimmen mit der gesammten Anzahl aller Permutationen der folgenden acht Positionen: $1\,2\,3$, $\bar{1}\,2\,3$, $1\,\bar{2}\,3$, $1\,2\,\bar{3}$, $\bar{1}\,\bar{2}\,3$, $1\,\bar{2}\,\bar{3}$, $\bar{1}\,2\,\bar{3}$, $\bar{1}\,\bar{2}\,\bar{3}$, woraus die Zahl 48 folgen würde. Es zeigt sich aber, dass in Wirklichkeit nur die Hälfte dieser Formen realisirt werden kann, dass also jene Zahl nur 24 beträgt. Es beruht dies darauf, dass man einen Körper B, der mit einem anderen A irgend einmal gleichgerichtete Axen besass, niemals ohne gewaltsamen Eingriff in die Constitution des betreffenden Körpers in eine solche Lage zu A bringen kann, bei der im Vergleich mit der eben erwähnten Position nur eine Axe umgekehrt ist, oder, um dies an einem Beispiel zu veranschaulichen: ist etwa $\mathrm{pos}\,(A)B = 2\,\bar{3}\,1$, so ist $\mathrm{pos}\,(A)B = 2\,3\,1$ unmöglich. Da nun alle Lagenveränderungen des Körpers B, so weit sie hier in Betracht kommen, nur auf einander folgende Drehungen um die Axen dieses Körpers sein können (wobei der Betrag dieser Drehungen gleich Vielfachen von 90^0 ist), und da ferner bei jeder Drehung eine Axe, nämlich die Drehungsaxe, fest bleibt, so dass deren Umkehrung allein schon stets ausgeschlossen ist, so reducirt sich die oben angegebene Anzahl 48 auf ihre Hälfte 24. — Zwei Axen lassen sich hingegen stets umkehren, denn eine solche Umkehrung (von Listing Inversion genannt) wird sofort realisirt durch eine Drehung im Betrage von 180^0 um die dritte Axe; hingegen ist es unmöglich, die drei Axen umzukehren, denn diese Umkehrung würde verlangen die stets mögliche Umkehrung zweier Axen und die darauf folgende unmögliche der dritten Axe allein. Die Umkehrung einer einzigen Axe bezeichnet Listing als Perversion; ein Beispiel für dieselbe ist ein beliebiger Gegenstand und sein Bild in einem Planspiegel. Listing wendet die Begriffe der Inversion und Perversion hauptsächlich an auf die Beziehungen zwischen Object und Bild bei Linsen und gekrümmten Spiegeln, sowie den aus ihnen zusammengesetzten Mikroskopen und Fernröhren.

Als zweites Beispiel seiner topologischen Betrachtung wählt Listing die Schraubenlinie, oder, wie er sie nennt, Helikoide oder Wendellinie. Er beschränkt sich in diesem Theile seiner Arbeit hauptsächlich darauf, Definitionen aufzustellen, sowie Gesichtspunkte anzugeben, die sich zu weiterer Ausarbeitung eignen; selbstverständlich unterscheidet er rechtswendige oder dexiotrope und linkswendige oder laeotrope Wendellinien; hierbei sind aber gerade die dexiotropen Windungen diejenigen, welche in der Technik sonst im allgemeinen als linksgewunden bezeichnet werden und umgekehrt. Weiter zeigt er dann, wie sich seine Terminologie auf viele Beispiele aus den Gebieten der Zoologie, Botanik und Technik anwenden lässt.

Im Anschluss an seine Untersuchungen über Wendellinien erwähnt Listing noch ein Experiment, das in sehr naher Beziehung steht zu der Erzeugung von Knoten und mehrfach in einander hängenden Ringen aus ringförmig geschlossenen tordirten Bändern, die längs ihrer Mittellinie zerschnitten werden. Man lege zwei Fäden mit den Endpunkten A, A', resp. B, B', am zweckmässigsten von gleicher Länge, parallel neben einander. Tordirt man nun beide Fäden dadurch, dass man etwa die Verbindungslinie $A'B'$ um eine zur ursprünglichen Richtung der Fäden parallele Axe beliebig oft um je 180° dreht, und vereinigt man alsdann die Enden A', B' irgendwie mit A, B, so sind hinsichtlich dieser Vereinigung zwei wesentlich verschiedene Fälle möglich, indem entweder A mit A' und B mit B', oder A mit B' und B mit A' vereinigt wird. Im ersten Falle muss jene Torsion ein gerades Vielfaches von 180° (einschliesslich der Null), im zweiten Falle ein ungerades Vielfaches von 180° betragen. Die Gebilde, die man nach der Vereinigung erhält, sind dieselben, welche sich bei jenem Längsschnitt durch die Mittellinie eines ringförmig geschlossenen tordirten Bandes ergeben; denn statt mit dem Bande zu operiren, benutzt Listing nur dessen Randlinien. (Vgl. auch S. 19 in vorliegender Schrift.)

Listing gibt auch eine symbolische Bezeichnungsweise für diejenigen zwei Arten von Ueberkreuzungen, welche entstehen, wenn man räumliche Gebilde, die in irgend welcher Weise verschlungen, z. B. mit Knoten versehen sind, auf eine Ebene, etwa zum Zwecke der Abbildung projicirt. Leider hat er es jedoch unterlassen, an seine Bezeichnungsweise eine algorithmische Discussion anzuknüpfen[1]); auch dürfte die noch weiter unten zu berührende symbolische Bezeichnungsweise des Herrn Tait für die praktische Anwendung geeigneter sein, weshalb ich hier auf die Listing'sche Symbolik nicht weiter eingehe.

Zum Schluss beweist Listing noch einen interessanten Satz, welcher angibt, wie gross die kleinste Anzahl von Zügen ist, die erforderlich sind, um eine beliebige, aus geraden oder krummen Linien bestehende Figur so zu beschreiben, dass kein Theil derselben mehr als einmal durchlaufen wird. Den Anlass zu dieser Frage gab wohl eine von Th. Clausen[2]) veröffentlichte Notiz, welche lautet: „Die Figur (s. Fig. 1 Seite 7) lässt sich nicht in drei continuirlichen Zügen beschreiben, ohne einige Theile zwei- oder mehrmals zu ziehen.“ Dies heisst mit

1) Eine an Listing's Symbolik sich anschliessende Arbeit von Weith: „Topologische Untersuchung der Curvenverschlingung“, Inaug.-Diss., Zürich 1876 ist mir nicht zugänglich gewesen.

2) Astronomische Nachrichten, Bd. 21, S. 216, 1844.

anderen Worten: Es sind mindestens vier Züge nöthig, um jene Figur in der verlangten Weise zu beschreiben. Will man nun allgemein einen Satz aufstellen über die kleinste Zahl der zum einmaligen Beschreiben einer vorgegebenen Figur erforderlichen Züge, so hat man zunächst hinsichtlich der in der Figur auftretenden Schnittpunkte zwei Arten zu unterscheiden: solche, von denen aus nach einer geraden Anzahl von Richtungen Linien verlaufen und solche, bei denen diese Anzahl ungerade ist. Erstere nennt Listing paarzahlige, letztere unpaarzahlige Vereinigungspunkte. Es ist nun leicht zu zeigen, dass die Anzahl der letzteren, wie auch der Liniencomplex beschaffen sein mag, eine gerade Zahl oder Null sein muss; ist dieselbe p, so ist alsdann, wie Listing nachweist, die kleinste Anzahl von Zügen, in denen der ganze Liniencomplex beschrieben werden kann, gleich $\frac{p}{2}$, wobei indess noch zu bemerken ist, dass im Falle $p = 0$ die betreffende Zahl natürlich gleich 1 zu setzen ist. In der That findet man in der obigen Figur die Anzahl der unpaarzahligen Vereinigungspunkte gleich 8, daher wird $p = 4$.

Figur 1.

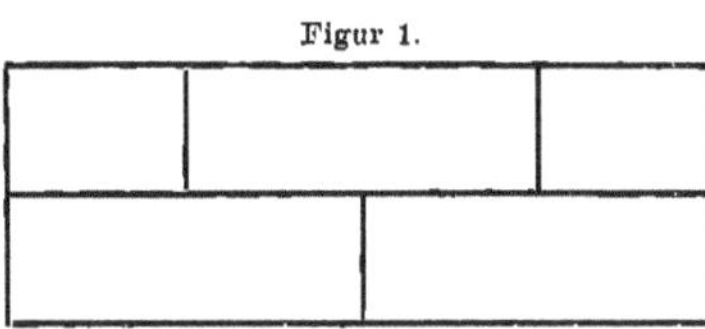

Mit vorstehendem Satze wesentlich identisch ist der Inhalt einer von Herrn Chr. Wiener in den mathematischen Annalen publicirten Bemerkung Hierholzer's[1]), und ihm nahe verwandt ist eine beigefügte Notiz von Herrn Wiener[2]) selbst.

Noch erwähne ich, dass auch Herr Tait die Topologie Listing's in einer Arbeit behandelte[3]), die ausserdem überhaupt zahlreiche Beispiele topologischer Betrachtungen enthält.

Eine andere Bemerkung topologischen Inhalts möge hier noch Stelle finden. In England hatten die Verfertiger von Landkarten durch Erfahrung gefunden, dass man bei der Bezeichnung der verschiedenen Gebiete einer Landkarte mit vier Farben ausreiche, falls zwei in einer Linie an einander stossende Bezirke verschieden gefärbt sein sollen, andrerseits aber Bezirke ohne gemeinsame Grenzlinie gleich gefärbt sein dürfen. Von den Herren De Morgan und Cayley war hierauf die Aufgabe gestellt worden, für die genannte Erfahrungsthatsache den Beweis zu erbringen, was auch von Herrn Kempe geschah.[4]) Wie

1) Math. Annalen, Bd. VI, S. 30—32, 1871.

2) Ibid. S. 29—30.

3) „Listing's Topologie." The London, Edinburgh and Dublin Philosophical Magazine, Vol. 17, pag. 30—46, 1884.

4) „On the Geographical Problem of the Four Colours." American Journal

nun Baltzer bei Durchsicht von Möbius' Nachlass fand[1]), ist bereits Möbius durch seinen Freund Weiske ein Satz mitgetheilt worden, aus dem sofort der Grund obiger Erscheinung ersichtlich wird. Die betreffende Notiz Weiske's lautet:

„Erklärung. Spatia confinia sind Felder, von denen je zwei sich in einer Linie (nicht bloss in einem Punkte) berühren.

Satz. Fünf spatia confinia sind unmöglich in einer Fläche.

Beweis. Ein fünftes Spatium confinium kann zu vieren nicht hinzukommen, weil vier Spatia confinia stets so liegen, dass das vierte von den drei übrigen, die einen in sich zurücklaufenden Kranz bilden, rings eingeschlossen, und also jedes neuen Confiniums unfähig ist."

Es würde hieraus in der That folgen, dass, unter der oben angegebenen Voraussetzung, vier Farben zur Unterscheidung aller Gebiete einer Landkarte hinreichen.

§ 2. Untersuchungen von Herrn Tait.

Auch englische Mathematiker beschäftigten sich mit Topologie, hauptsächlich wohl angeregt durch Herrn Tait, der seine Untersuchungen in den Jahren 1877—1885 publicirte. Er gibt in seiner ersten Arbeit[2]) eine Bezeichnungsweise an, mit Hilfe deren eine irgendwie verschlungene Linie so genau charakterisirt wird, dass sie, sobald diese Bezeichnung bekannt ist, gezeichnet oder durch einen Faden dargestellt werden kann. Zu dem Zweck fasst Tait ein beliebig verschlungenes Gebilde als eine Raumcurve von endlicher Länge auf, projicirt diese Curve auf eine Ebene und untersucht nun Projectionen von der Beschaffenheit, dass, wenn man von einem beliebigen Punkte der durch die Projection erhaltenen ebenen Curve aus längs derselben fortschreiten will, man beim Zusammentreffen mit einem anderen Curvenzweige, d. h. beim Passiren der auf einander folgenden Doppelpunkte, welche in der Projection auftreten, abwechselnd über diese anderen Curvenzweige wegschreiten, resp. unter denselben hindurchgehen muss. Werden die Doppelpunkte durch A, B, C, . . . bezeichnet und diese Buchstaben in der Reihenfolge neben einander geschrieben, wie man ihre zugehörigen Doppelpunkte passirt, so folgt aus jenem Wechsel

---

of Mathematics, Vol. II, pag. 193—200, 1879; hieran anschliessend eine Note von W. E. Story, pag. 201—204.

1) „Eine Erinnerung an Möbius und seinen Freund Weiske." Berichte über die Verhandlungen der kgl. sächsischen Gesellschaft der Wissenschaften zu Leipzig, Jahrgang 1885, S. 1—6.

2) „On Knots." Transactions of the Royal Society of Edinburgh, 1877, Vol. 28, pag. 145—190, Edinburgh 1879.

der Ueberkreuzungen, dass in dieser Reihenfolge jeder Buchstabe einmal an ungerader und einmal an gerader Stelle steht. Da es ferner gleichgiltig ist, mit welchem Buchstaben irgend eine Ueberkreuzung bezeichnet wird, so denkt sich Tait die Bezeichnungsweise so gewählt, dass an den auf einander folgenden ungeraden Stellen jener Reihe die Buchstaben stehen, wie sie im Alphabete auf einander folgen. Der betreffende Knoten ist alsdann charakterisirt durch die an den geraden Stellen befindlichen Buchstaben, deren Reihenfolge das Schema des Knotens genannt wird. Liegt z. B. ein Gebilde mit vier Doppelpunkten A, B, C, D vor, die etwa in der Folge $ACBDCADB|A$ durchlaufen werden, so lautet das zugehörige Schema $CDAB$. Es zeigt sich ferner, dass eine Ueberkreuzung beseitigt werden kann (also nur eine Schleife darstellt), wenn zwischen den ihr angehörigen Buchstaben bei ausführlicher Schreibweise der Reihenfolge andere Buchstaben nur doppelt oder überhaupt nicht auftreten, wie z. B. in $ACBBCA$ oder in $AABB$. Solche Ueberkreuzungen nennt Tait „nugatory crossings".

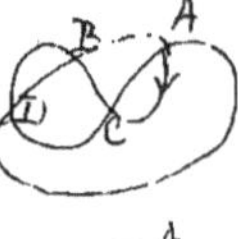

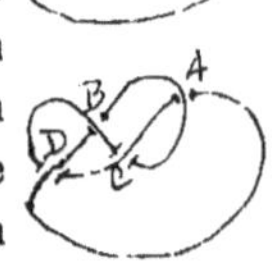

Passirt man die einzelnen Doppelpunkte eines Curvenzuges einmal in der oben angegebenen Weise, ein anderes Mal so, dass man die Kreuzungen umkehrt, d. h. über diejenigen Curvenzweige hinschreitet, unter denen man früher wegging und umgekehrt, so entsprechen diesen zwei Arten des Weges zwei im allgemeinen insofern topologisch verschiedene Knoten, als der eine das Spiegelbild — bei Listing die Perversion — des anderen ist. In gewissen Fällen lassen sich jedoch zwei solche Formen in einander transformiren; Tait nennt diese Knoten alsdann amphicheiral und weist nach, dass sie nie auftreten, wenn die Zahl der Doppelpunkte ungerade ist, dass hingegen unter allen von einander wesentlich verschiedenen Formen von Knoten, die einer bestimmten geraden Anzahl von Doppelpunkten entsprechen, mindestens einer amphicheiral ist. Es wird auch gezeigt, welche Gestalt diese Knoten besitzen, wenn diese gerade Zahl von der Form $4n$ oder $2 + 6n$ oder $4 + 6n$ ist.

Tait stellt in seiner ersten Arbeit auch die Typen aller Knoten auf, denen Schemata mit 3, 4, 5, 6, 7 Doppelpunkten entsprechen, und findet deren Anzahl resp. gleich 1, 1, 2, 4, 8. Will man alle Typen aufstellen, die einer bestimmten Anzahl von Doppelpunkten zugehören, so erweist sich hierzu eine andere von Tait gegebene Methode als zweckmässig, die in der Betrachtung derjenigen Zellen oder Felder besteht, in welche die Ebene durch das Bild des Knotens zerlegt wird. Denkt man sich nämlich diese Zellen in ähnlicher Weise abwechselnd schwarz und weiss gefärbt, wie es bei den Feldern eines Schachbrettes der Fall ist, und ist n die Anzahl der Doppelpunkte, so gelten über diese Configuration folgende Sätze:

1) Sämmtliche schwarzen und ebenso sämmtliche weissen Felder besitzen zusammen je $2n$ Ecken.

2) Die Anzahl aller Felder ist gleich $n + 2$.

3) Kein Feld besitzt mehr als n Ecken.

Zufolge dieser Sätze hat man daher beim Aufsuchen der einen Knoten repräsentirenden Configuration die Zahl $2n$ auf alle mögliche Arten so in Summanden zu zerlegen, dass keiner derselben grösser als n oder kleiner als 2 ist; hierauf combinirt man, entsprechend den zwei Arten von Feldern, zwei solche Summen, in denen die Zahl sämmtlicher Felder gleich $n + 2$ ist. Freilich kommt es dann noch vor, dass manche Combinationen nicht realisirbar sind oder Verbindungen zweier und mehrerer Gebilde darstellen. Ist z. B. $n = 3$, so hat man folgende Zerlegungen:

$$2n = 2 + 2 + 2 = 2 + 4 = 3 + 3,$$

es sind also, wie es scheint, brauchbar die Combinationen

$$\begin{matrix} 2+2+2 \\ 2+4 \end{matrix} \quad \text{und} \quad \begin{matrix} 2+2+2 \\ 2+3, \end{matrix}$$

denn für diese beiden ist die Anzahl sämmtlicher Felder gleich $n + 2 = 5$. Es zeigt sich jedoch, dass die Configuration

$$\begin{matrix} 2+2+2 \\ 2+4 \end{matrix}$$

nicht realisirbar ist, so dass nur ein Knoten mit drei Ueberkreuzungen existirt, es ist der gewöhnliche einfache Knoten (trefoil knot der Engländer).

In zwei weiteren Abhandlungen[1]) gibt Tait die Typen sämmtlicher Knoten mit 8, 9 und 10 Ueberkreuzungen; ihre Anzahl ist resp. gleich 18, 41, 123, wenn man diejenigen Gebilde unberücksichtigt lässt, welche aus einfacheren Knoten zusammengesetzt sind oder nur Transformationen schon vorhandener Typen darstellen. Auch Kirkman[2]) und Little[3]) haben sich mit der Aufstellung der Typen für

1) „On Knots." Part II. Transactions of the Royal Society of Edinburgh, 1884, Vol. 32, pag. 327—342, Edinburgh 1887, sowie Part III, 1885, ibid. pag. 493—506. Mehrere Noten in den Proceedings of the Royal Society of Edinburgh sind mir leider nicht zugänglich gewesen.

2) „The Enumeration, Description, and Construction of Knots of Fewer than Ten Crossings." Transactions of the Royal Society of Edinburgh, 1884, Vol. 32, pag. 281—309, Edinburgh 1887, sowie „The 364 Unifilar Knots of Ten Crossings, Enumerated and Described." Ibid. 1885, pag. 483—491.

3) „On Knots with a Census for Order Ten." Transactions of the Connecticut Academy, Vol. 7, 1885.

10 und mehr Ueberkreuzungen beschäftigt, und der letztere hat neuerdings diejenigen Knoten mit 8 und 9 Ueberkreuzungen untersucht[1]), bei denen man, auf dem den Knoten in der Projection darstellenden Curvenzug fortschreitend, nicht abwechselnd über einen Curvenzweig hinweggeht und unter dem folgenden, dem man begegnet, hindurchpassirt, sondern bei denen die Art der Kreuzung mehrmals nach einander die gleiche ist.

Es bleibt noch zu erwähnen, dass es auch Tait war, der zuerst einen Satz über jene Gebilde formulirte, welche man erhält, wenn man das eine Ende eines rechteckigen Bandes beliebig oft um 180° tordirt, mit dem anderen Ende vereinigt und durch das auf solche Weise ringförmig geschlossene Band einen Längsschnitt durch die Mittellinie führt.[2])

Von Herrn Franz Meyer[3]) wurden Tait's Schemata verwerthet, um die verschiedenen Typen der algebraischen ebenen rationalen Curven vierter und fünfter Ordnung mit nur reellen eigentlichen Doppelpunkten aufzustellen. Er erhielt bei den Curven vierter Ordnung die bekannten fünf Arten, die Herr Brill durch quadratische Transformation eines Kegelschnittes gefunden hatte[4]); drei derselben stellen Curven ohne Asymptoten, die beiden anderen solche mit zwei Asymptoten dar. Für die rationale Curve fünfter Ordnung mit sechs reellen eigentlichen Doppelpunkten ergeben sich 33 verschiedene Typen, nämlich 26 mit einer und 7 mit drei Asymptoten. Es wird auch gezeigt, dass die ebenen Bilder aller von Tait aufgestellten Knoten mit 3, 4, 5, 6, 7 Ueberkreuzungen als ebene rationale endliche Curven sechster Ordnung betrachtet werden können, die natürlich dann noch mehrere isolirte oder imaginäre Doppelpunkte besitzen; das Bild des Knotens mit drei Ueberkreuzungen repräsentirt bekanntlich bereits eine rationale Curve vierter Ordnung.

Hinsichtlich der Beziehungen zwischen Knoten und algebraischen Curven sei noch bemerkt, dass nach einer Untersuchung von Herrn

---

1) „Non-Alternate ± Knots, of Orders Eight and Nine." Transactions of the Royal Society of Edinburgh, Vol. 35, Part. II, pag. 663—664, 1889.

2) S. 169 der oben citirten ersten Abhandlung von Tait.

3) „Anwendungen der Topologie auf die Gestalten der algebraischen Curven speciell der rationalen Curven vierter und fünfter Ordnung." Münchener Inaugural-Dissertation (1878), sowie besonders „Ueber algebraische Knoten". Proceedings of the Royal Society of Edinburgh, Vol. 13, Session 1885—86, pag. 931—946.

4) „Ueber rationale Curven vierter Ordnung." Math. Annalen, Bd. 12, S. 90—122, 1877.

Brill[1]) die Raumcurve fünfter Ordnung die Curve der niedrigsten Ordnung ist, welche die Mittellinie eines mit einem gewöhnlichen einfachen Knoten versehenen unendlich langen Fadens darstellt. Soll der Faden ganz im Endlichen verlaufen, so tritt natürlich an Stelle der Raumcurve fünfter eine solche der sechsten Ordnung.

Auch Herr Hoppe[2]) hat die Parameterdarstellung einer im dreidimensionalen Raume gelegenen geschlossenen Curve gegeben, die sich durch ein mit einem Knoten versehenes ringförmig geschlossenes Band veranschaulichen lässt; er hat ferner gezeigt, dass dieser Knoten aufgelöst und die Curve in einen Kreis verwandelt werden kann, wenn man dieselbe in einen vierdimensionalen Raum überführt.

§ 3. Untersuchungen von Herrn Simony.

Weitere Ergebnisse verdankt die Topologie Herrn Oskar Simony in Wien, dessen hierher gehörige Untersuchungen zum grossen Theil in den Sitzungsberichten der k. k. Wiener Akademie der Wissenschaften von 1880—1887 publicirt sind. In seinen ersten Arbeiten[3]) betrachtet er, wie auch bereits von Möbius und Tait geschehen war, diejenigen Gebilde, welche entstehen, wenn man durch die Mittellinie eines mit beliebig vielen Torsionen versehenen ringförmig geschlossenen Bandes einen in sich zurückkehrenden Längsschnitt führt, und gelangt hier, wie ich bereits in der Vorrede zu vorliegender Brochure berührte und im zweiten Abschnitt weiter ausführen werde,

1) „Ueber algebraische Raumcurven, welche die Gestalt einer Schlinge haben." Math. Annalen, Bd. 18, S. 95—98, 1881.

2) „Gleichung der Curve eines Bandes mit unauflösbarem Knoten nebst Auflösung in vierter Dimension." Archiv der Mathematik und Physik, Bd. 64, S. 224, 1879. Hier anschliessend sind dann noch zu nennen die Arbeiten von Durège „Ueber die Hoppe'sche Knotencurve", Sitzungsber. d. kais. Akad. d. Wissensch. in Wien, Bd. 82, Abth. 2, S. 135—146, 1880, sowie Hoppe: „Bemerkungen betreffend die Auflösung eines Knotens in vierter Dimension", Archiv der Mathematik und Physik, Bd. 65, S. 423—426, 1880 und Schlegel: „Ueber die Auflösung des Doppelpunktes einer ebenen Curve im dreidimensionalen Raume, und ein mit dieser Curve zusammenhängendes Problem der Mechanik", Zeitschrift für Mathematik und Physik, Bd. 28, S. 105—114, 1883.

3) „Ueber jene Flächen, welche aus ringförmig geschlossenen, knotenfreien Bändern durch in sich selbst zurückkehrende Längsschnitte erzeugt werden." Sitzungsber. d. kais. Akad. d. Wissensch. in Wien, Bd. 82, Abth. 2, S. 691—697, 1880; ferner „Gemeinfassliche, leicht controlirbare Lösung der Aufgabe: 'In ein ringförmig geschlossenes Band einen Knoten zu machen' und verwandter merkwürdiger Probleme." Wien, Gerold & Comp., 3. Aufl., 1881; endlich „Ueber eine Reihe neuer Thatsachen aus dem Gebiete der Topologie", Math. Annalen, Bd. 19, S. 110 f., 1881.

zu den zwei Gattungsbegriffen der (positiven oder negativen) Verbindung a^{ter} Art und des (positiven oder negativen) Knotens a^{ter} Art.

Simony's interessanteste Untersuchungen knüpfen an jene Erscheinungen an, welche ein unverdrehter, biegsamer Ring von kreisförmigem Querschnitte zeigt, wenn man durch denselben einen, den Ring bis zur Mittellinie durchsetzenden, längs der letzteren in sich zurückkehrenden Schnitt führt und hierbei das schneidende Instrument in mehreren, etwa u Umläufen um irgend welche Vielfache von 360°, etwa $t \times 360^0$ gedreht wird.[1]) Es würde zu weit führen, wollte ich hier auf die Gestalt der diesem Schnitte entspringenden Gebilde, der sogenannten Knotenverbindungen, insbesondere auf ihre Abhängigkeit von den Zahlen t und u, näher eingehen; ich beschränke mich darauf, zu zeigen, auf welche Weise Simony zu einem ganz unerwarteten Zusammenhang gewisser topologischer Thatsachen mit der Zahlentheorie geführt wurde.[2]) Zerschneidet man nämlich ein mit einer solchen Knotenverbindung und nur einer Randcurve versehenes Gebilde durch einen längs der Mittellinie verlaufenden Schnitt, so erhält man ein neues Gebilde, die primäre Knotenverschlingung, und aus dieser durch eine analoge Operation die secundäre Knotenverschlingung. Für die Beziehungen dieser letzteren zu der entsprechenden ursprünglichen Knotenverbindung fand nun Herr Simony u. a. die nachstehenden Gesetze:

„I) Bestehen für die charakteristische Umlaufszahl und Drehungszahl der ursprünglichen Knotenverbindung — unter x eine ausschliesslich als positive ganze Zahl variable Grösse verstanden — allgemein die Gleichungen:

$$u = a, \quad t = ax + \varrho,$$

so lassen sich die Anordnung und Beschaffenheit der Knoten der secundären transformirten Knotenverschlingung für jeden zu a relativ primen Werth von ϱ durch ein symbolisches Product von der Form:

$$P = V^{a_1}\, U^{a_2}\, V^{a_3} \ldots U^{a_{2n}}\, V^{a_{2n+1}}$$

---

1) „Ueber eine Reihe neuer mathematischer Erfahrungssätze.“ Sitzungsber. d. kais. Akad. d. Wissensch. in Wien, Bd. 85, Abth. 2, S. 907—928, 1882; Bd. 87, Abth. 2, S. 556—587, 1883; Bd. 88, Abth. 2, S. 939—974, 1883, sowie „Ueber eine Reihe neuer Thatsachen aus dem Gebiete der Topologie“, Math. Annalen, Bd. 24, S. 253—280, 1883.

2) „Ueber den Zusammenhang gewisser topologischer Thatsachen mit neuen Sätzen der höheren Arithmetik und dessen theoretische Bedeutung.“ Sitzungsber. d. kais. Akad. d. Wissensch. in Wien, Bd. 96, Abth. 2, S. 191—286, 1887. Vergl. auch Nr. 8 des Tageblattes der 60. Versammlung deutscher Naturforscher und Aerzte in Wiesbaden, S. 229 f, 1887.

wiedergeben, wo die Symbole U^{a_r}, V^{a_r} jedesmal a_r unmittelbar aufeinander folgende einfache Knoten von je derselben Form bedeuten.

II) Die durch die Reihenfolge und die jeweiligen Werthe der Exponenten: $a_1, a_2, a_3, \ldots a_{2n}, a_{2n+1}$ präcisirte Anordnung der einfachen Knoten bleibt bei constantem a und ϱ für alle in Betracht kommenden Specialisirungen von x dieselbe, während die Form der beiden Arten von Knoten mit x veränderlich ist.

III) Durchläuft ϱ bei constantem a und beliebigem x die Reihe seiner Werthe von 1 bis $a-1$, so entspricht jeder neuen Specialisirung von ϱ eine charakteristische Anordnung der einfachen Knoten, ohne dass hierbei die Anzahl der letzteren, d. h. die Summe aller Exponenten:

$$a_1 + a_2 + a_3 + \cdots + a_{2n} + a_{2n+1} = S$$

irgend eine Aenderung erleidet. Es erhält ferner das erste Glied dieser Summe, wenn man die Knoten der secundären transformirten Knotenverschlingung wie jene einer Knotenverbindung von rechts nach links zählt, stets mindestens den Werth 1, während a_{2n+1} auch gleich Null werden, d. h. der letzte Knoten der Knotenverschlingung nur der einen Art angehören kann.

IV) Alle den verschiedenen Specialisirungen von ϱ zugeordneten symbolischen Producte zerfallen — unter m, c zwei den Bedingungen:

$$0 \leqq m < n, \quad 1 \leqq c \leqq a_{2m+1}$$

genügende Zahlen verstanden — in je zwei Factorengruppen, von welchen die erste:

$$P_1 = V^{a_1} U^{a_2} V^{a_3} \ldots U^{a_{2m}} V^c$$

allen Producten gemeinsam ist, während die zweite:

$$P_2 = V^{a_{2m+1}-c} U^{a_{2m+2}} V^{a_{2m+3}} \ldots U^{a_{2n}} V^{a_{2n+1}}$$

zugleich mit ϱ variable Exponenten aufweist und bei jeder Vertauschung von ϱ mit $a-\varrho$ in:

$$U^{a_{2m+1}-c} V^{a_{2m+2}} U^{a_{2m+3}} \ldots V^{a_{2n}} U^{a_{2n+1}}$$

übergeht." [1])

„V) Bei allen secundären transformirten Knotenverschlingungen von gemeinsamer Umlaufszahl $u = a$ liefert die Verwandlung des aus den charakteristischen Exponenten $a_1, a_2, \ldots a_{2m}, c$ ihrer stabilen Knotengruppe P_1 gebildeten Kettenbruches:

$$K = \cfrac{1}{a_1 + \cdot \,. \, \cdot + \cfrac{1}{a_{2m} + \cfrac{1}{c}}}$$

1) A. a. O. S. 205 f.

in einen gemeinen Bruch den Nenner a oder $a-1$, je nachdem die betreffende Umlaufszahl ungerade oder gerade ist."[1])

Durch diesen Zusammenhang der Exponenten der stabilen Knotengruppe mit der ursprünglichen Umlaufszahl wurde Herr Simony dazu geführt, das symbolische Product P_1 selbst als Zahl zu interpretiren, was hier nur auf Grund des dyadischen Zahlensystems möglich war, da das Product P_1 nur zwei verschiedene Argumente enthält. Dieses Product ist daher in dyadischer Schreibweise von der Form:

$$1^{a_1}\, 0^{a_2}\, 1^{a_3} \ldots 0^{a_{2m}}\, 1^c.$$

Ueber 600 lückenlos aufeinander folgende Werthe der Umlaufszahl und die Bildung des jeweiligen zugehörigen symbolischen Productes lieferten nun den nachstehenden höchst merkwürdigen, interessanten Erfahrungssatz:

„VI) Die charakteristischen Exponenten $a_1, a_2, \ldots a_{2m}, c$ der stabilen Knotengruppe jeder secundären transformirten Knotenverschlingung bestimmen als Exponenten des dyadischen Productes:

$$1^{a_1}\, 0^{a_2}\, 1^{a_3} \ldots 0^{a_{2m}}\, 1^c$$

eine Primzahl von der Form $6l-1$ oder $6l+1$, je nachdem die der Knotenverschlingung zugehörige Umlaufszahl ungerade oder gerade ist."[2])

Herr Simony fand noch mehrere andere Sätze, darunter auch rein zahlentheoretische, z. B. über Eintheilung der ungeraden Zahlen in solche verschiedener Ordnung[3]), die angeführten mögen jedoch genügen.

In der von Herrn Simony angebahnten Richtung arbeiteten weiter die Herren Koller, Schuster und Gross in Wien. Herr Koller fand mehrere Sätze über Transformationen von Knotenverbindungen.[4]) Der Untersuchungen des Herrn Schuster wurde schon S. VII der Vorrede gedacht; gelegentlich eines Aufenthaltes in Wien zu Weihnachten 1889 erfuhr ich von Herrn Schuster, dass er — auf Grundlage eines entsprechend erweiterten Systems topologischer Gattungsbegriffe — auch schon die topologische Beschreibung jener Gebilde vollendet habe, welche durch Zerschneidung geschlossener, aus je

---

1) A. a. O. S. 213.

2) A. a. O. S. 225.

3) „Ueber einige mit der dyadischen Schreibweise der ganzen Zahlen zusammenhängende arithmetische Sätze." Math. Annalen, Bd. 31, S. 549—565, 1887.

4) „Ueber einige allgemeine auf Knotenverbindungen bezügliche Gesetze." Sitzungsber. d. kais. Akad. d. Wissensch. in Wien, Bd. 89, Abth. 2, S. 250—265, 1884.

vier beliebig tordirten Streifen in der in der Vorrede angegebenen Weise gebildeter, Flächen längs deren Mittellinien entstehen (vgl. auch § 1 des vierten Abschnittes). Mehrere der so erhaltenen Gattungsbegriffe lassen sich überdies in der allgemeinen Beschreibung jener Gebilde verwerthen, welche durch Zerschneidung geschlossener, aus je n beliebig tordirten Streifen gebildeter Flächen längs deren Mittellinien hervorgehen, und wird Herr Schuster erst nach Vollendung seiner diesbezüglichen Arbeiten die erwähnte Beschreibung publiciren.

Herr Gross untersuchte, wie er mir mittheilte, in welcher Weise sich die von Herrn Simony aufgestellten Gattungsbegriffe der Verknüpfungen und Verschlingungen höherer Ordnung, sowie des mehrfachen Knotens[1]) ineinander transformiren lassen und welche Torsionen man den einzelnen Streifen bei den soeben erwähnten Flächen ertheilen muss, um durch Führung des Schnittes längs der Mittellinien diese Gebilde zu erhalten.

§ 4. **Untersuchungen von Herrn Dyck.**

Während die bisher erwähnten Untersuchungen mit Ausnahme des Gauss'schen Satzes über Umschlingungen zweier geschlossener Linien mehr oder weniger empirischer Natur waren, beantwortet Herr Dyck gewisse topologische Fragen unter Zugrundelegung der Gleichung des betreffenden Gebildes in Cartesischen Coordinaten. Er bestimmt zunächst die (von Herrn C. Neumann eingeführte) „Grundzahl" einer durch ihre Gleichung gegebenen Fläche.[2]) Riemann wurde bekanntlich in seinen functionentheoretischen Untersuchungen[3]) zu einer Unterscheidung der Flächen in einfach zusammenhängende (bei denen jede geschlossene Linie die vollständige Begrenzung eines Theiles der

---

1) S. h. die Abhandlung von Herrn Simony: „Ueber jene Gebilde, welche aus kreuzförmigen Flächen durch paarweise Vereinigung ihrer Enden und gewisse in sich selbst zurückkehrende Schnitte entstehen." Sitzungsber. d. kais. Akad. d. Wissensch. in Wien, Bd. 84, Abth. 2, S. 255 f., 1881, sowie „Ueber eine Reihe neuer Thatsachen aus dem Gebiete der Topologie", Math. Annalen, Bd. 19, S. 119 f., 1883.

2) „Beiträge zur Analysis situs", 3 Mittheilungen in den Berichten über die Verhandlungen der kgl. sächsischen Gesellschaft der Wissenschaften zu Leipzig, Jahrgang 1885, S. 314—325; Jahrgang 1886, S. 53—69; Jahrgang 1887, S. 40—52, sowie „Beiträge zur Analysis situs. I. Aufsatz. Ein- und zweidimensionale Mannigfaltigkeiten", Math. Annalen, Bd. 32, S. 457—512, 1888.

3) „Grundlage für eine allgemeine Theorie der Functionen einer veränderlichen complexen Grösse" (1851), sowie „Theorie der Abel'schen Functionen" (1857), in Riemann's gesammelten mathematischen Werken, hrsgg. von Dedekind und Weber, Leipzig 1876, S. 9 ff. und S. 85 ff.

Fläche bildet, wie z. B. bei der Kreisfläche) und mehrfach zusammenhängende (bei denen nicht jede geschlossene Linie die genannte Eigenschaft besitzt, wie z. B. bei einem Kreisring) geführt. Eine $(n+1)$fach zusammenhängende Fläche ist dabei im allgemeinen eine solche, die durch n Querschnitte in eine einfach zusammenhängende verwandelt werden kann. Bezeichnet z den Zusammenhang einer Fläche im Sinne Riemann's, so ist jene Grundzahl $G=z-1$; liegt ferner ein Aggregat von N Flächenstücken vor mit den Grundzahlen $g_1, g_2, \ldots g_N$, so wird dessen Grundzahl:

$$G = \Sigma g_i - 2N + 2.$$

Herr Dyck denkt sich nun auf der Fläche ein solches Curvensystem gezeichnet, dass durch jeden Punkt nur eine Curve des Systems hindurchgeht und nur in einer endlichen Zahl von Punkten mehrere Curvenzweige einmünden. Befinden sich p_n^i solcher Punkte, von denen n Curvenzweige ausgehen, im Innern der Fläche, wobei auch $n=\infty$ sein kann, p_n^r auf deren Rand, so besteht zwischen der Grundzahl G und den Zahlen p die Relation:

$$2G - 4 = \Sigma(n-2)p_n^i + \Sigma(n-1)p_n^r - 2p_\infty^i.$$

Die Bestimmung der Grundzahl einer durch ihre Gleichung

$$f(x, y, z) = 0$$

gegebenen Fläche lieferte nun einen interessanten Zusammenhang dieser Zahl mit der von Herrn Kronecker gegebenen „Charakteristik eines Functionensystems“.[1]) Herr Dyck fand nämlich die Relation:

$$G = -2K + 2,$$

wo K die Kronecker'sche Charakteristik des Functionensystems $f=0$, $\frac{\partial f}{\partial x}=0$, $\frac{\partial f}{\partial y}=0$, $\frac{\partial f}{\partial z}=0$ bedeutet. Ist ferner $f(x, y) = 0$ die Gleichung einer ebenen Curve, so gilt für die Grundzahl des Innenraumes $(f<0)$ die Relation:

$$G = -K + 2,$$

wo K die Charakteristik des Functionensystems $f=0$, $\frac{\partial f}{\partial x}=0$, $\frac{\partial f}{\partial y}=0$ bedeutet. Auch auf Mannigfaltigkeiten beliebiger Dimension wurden diese Untersuchungen von Herrn Dyck ausgedehnt und auch hier jener Zusammenhang der entsprechenden Zahl mit Herrn Kronecker's Charakteristik des aus der gegebenen Function f und den ersten

1) „Ueber Systeme von Functionen mehrer Variabeln.“ Monatsberichte der kgl. preuss. Akad. d. Wissensch. zu Berlin. Aus dem Jahre 1869, S. 159—193, 688—698, sowie „Ueber die Charakteristik von Functionen-Systemen.“ Ibid. Jahrgang 1878, S. 145—152.

Ableitungen f_i von f nach den n Variabeln bestehenden Functionensystems gefunden. Zugleich ergab sich der Satz, dass die Charakteristik einer aus mehreren getrennten Theilen bestehenden Mannigfaltigkeit gleich ist der Summe der Charakteristiken der einzelnen Theile. Auch wurden Beziehungen gefunden zwischen den Doppelpunkten eines von dem willkürlichen Parameter z abhängigen Curvensystems $f(x, y, z) = 0$ oder den Knotenpunkten eines Flächensystems $f(x, y, z, w) = 0$ mit w als Parameter.

Da jedoch durch Kenntniss der Grundzahl eine Mannigfaltigkeit im Sinne der Analysis situs noch nicht vollständig bestimmt ist, so wird auch noch für ebene Curven und für Flächen eines dreidimensionalen Raumes die Frage beantwortet, welche Anzahlbestimmungen durchzuführen sind, um das betreffende, durch eine Gleichung gegebene Gebilde hinreichend und vollständig zu charakterisiren.

Zweiter Abschnitt.

Erzeugung einfacher Verbindungen und Knoten in ringförmig geschlossenen tordirten Bändern durch Schnitte längs der Mittellinie oder parallel zu derselben.

§ 1. Schnitte längs der Mittellinie.

„Um zunächst die hier mitzutheilenden geometrischen Experimente eindeutig beschreiben zu können,[1]) genügt es, die Hilfsbegriffe: „Positive beziehungsweise negative Drehung um 1×180^0, 2×180^0, 3×180^0 etc.“ einzuführen, welche sich ohne Schwierigkeit in gemeinfasslicher Weise erläutern lassen.

Man verwendet hierzu am besten einen rechteckigen Papierstreifen, in dessen Ecken auf seiner oberen und unteren Fläche

Fig. 2.

beispielsweise nach dem Muster der schematischen Figur 2 die Ziffern 1, 2, 3, 4 geschrieben werden mögen, wobei jede Ecke beiderseits mit derselben Ziffer zu versehen ist. Biegt man hierauf die beiden Enden des Streifens in der durch die schematische Figur 3 versinnlichten Art gegen einander und verdreht dessen rechtseitiges Ende so lange, bis die Ecken (1) und (4), (2) und (3) zum ersten Male neben einander zu liegen kommen, so hat man eine Drehung um 1×180^0 ausgeführt.

Fig. 3.

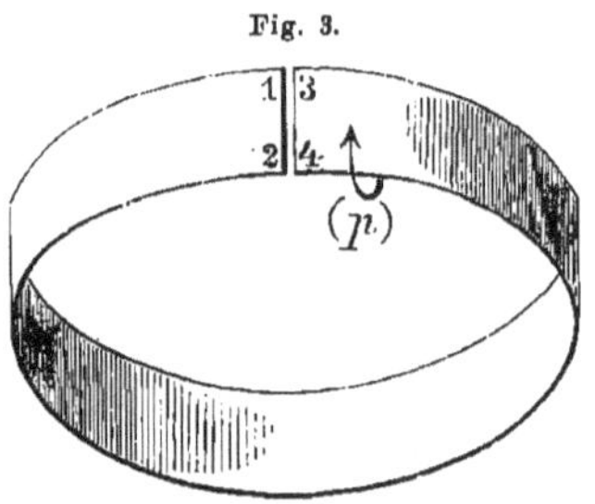

Ich nenne dieselbe positiv (+), wenn sie im Sinne des Pfeiles (p), negativ (—), wenn sie im entgegengesetzten Sinne vorgenommen

1) Wie bereits in der Vorrede bemerkt wurde, sind die in diesem zweiten Abschnitte vorliegender Brochure enthaltenen Untersuchungen die Reproduction einer bereits von Herrn Simony gegebenen Darstellung.

worden ist. Durch Verdoppelung, Verdreifachung etc. der eben charakterisirten Drehung lässt sich analog eine Verdrehung des rechtseitigen Endes um 2×180^0, 3×180^0 etc. erzeugen; sie wird als positiv oder negativ zu bezeichnen sein, je nachdem sie aus einer Verdoppelung, Verdreifachung etc. einer positiven oder einer negativen Drehung um 1×180^0 hervorgegangen ist.

Die Vereinigung beider Enden des Streifens liefert natürlich stets einen ringförmig geschlossenen, knotenfreien Streifen, dessen Gesammttorsion (T) mit jener des rechtseitigen Endes des ungeschlossenen Streifens übereinstimmt. Handelt es sich also umgekehrt um den Nachweis einer bestimmten Gesammttorsion in einem ringförmig geschlossenen knotenfreien Streifen, so verwandele man denselben mittelst eines, seine ganze Breite durchsetzenden Querschnittes in einen Streifen mit zwei freien Enden und verdrehe dessen rechtseitiges Ende bei negativem T in positivem, bei positivem T in negativem Sinne um jenes Vielfache von 180^0, welches für T angegeben wurde. War die betreffende Angabe richtig, so müssen nach Vollendung dieser Operation sämmtliche Torsionen aus dem Streifen verschwunden sein. Ebenso einfach gestaltet sich die Prüfung der Gesammttorsion eines ringförmig geschlossenen Streifens, falls derselbe einen Knoten von dem Habitus der schematischen Figuren 14, 15, 28, 29, 32, 33 besitzt. Schneidet man nämlich den Streifen unmittelbar neben den Umschlingungen des Knotens quer durch und zieht jenen Theil des Streifens, welcher die Umschlingungen trägt, ohne Drehung aus den letzteren heraus, so hat man den vorgelegten Streifen ohne Aenderung seiner Gesammttorsion in einen knotenlosen Streifen mit zwei freien Enden transformirt, dessen Gesammtverdrehung wieder in der zuvor beschriebenen Weise controlirt werden kann.

Dies vorausgeschickt, wollen wir in erster Linie jene Flächen, welche aus einem ringförmig geschlossenen knotenfreien Streifen durch Ausführung des in seiner Mittellinie in sich selbst zurücklaufenden Längsschnittes bei einer ursprünglichen Gesammtverdrehung (T) um $\pm 1 \times 180^0$, $\pm 2 \times 180^0$, $\pm 3 \times 180^0$ etc. entstehen, kurz charakterisiren und uns hierbei, um eine Verallgemeinerung der gewonnenen Einzelresultate zu erleichtern, folgender schematischer Darstellungsweise bedienen:

I. $T = \pm 1 \times 180^0$: Es entsteht ein einziger ringförmig geschlossener Streifen, dessen Gesammtverdrehung mit jener des ursprünglichen Streifens gleichsinnig ist und ihrem absoluten Werthe nach 4×180^0 beträgt. — Um sich dieses Ergebniss auf graphischem

Wege verständlich zu machen, gehe man von der Thatsache aus, dass die Grenzen des gegebenen Streifens infolge der Vereinigung der Ecken (1) und (4), (2) und (3) eine einzige geschlossene Curve bilden, deren Verlauf sich für $T = +1 \times 180^0$ durch Figur 4, für $T = -1 \times 180^0$ durch Figur 6 schematisch veranschaulichen lässt. Da nun der in der Mittellinie des Streifens geführte Längsschnitt dessen Ränder natürlich nirgends treffen kann und nach einem einzigen Umlaufe in sich selbst zurückkehrt, erhält man in beiden Fällen einen einzigen ringförmig geschlossenen Streifen, dessen Grenzen durch die Randcurve des ursprünglichen Streifens und die Schnittlinie gebildet werden. Vor Ausführung des Schnittes besitzt jede der beiden Hälften des Streifens eine Torsion um 180⁰, indem jedoch dessen ursprüngliche Randcurve nach Vollendung des Schnittes im ersten Falle nach dem Muster von Figur 5, im zweiten nach jenem

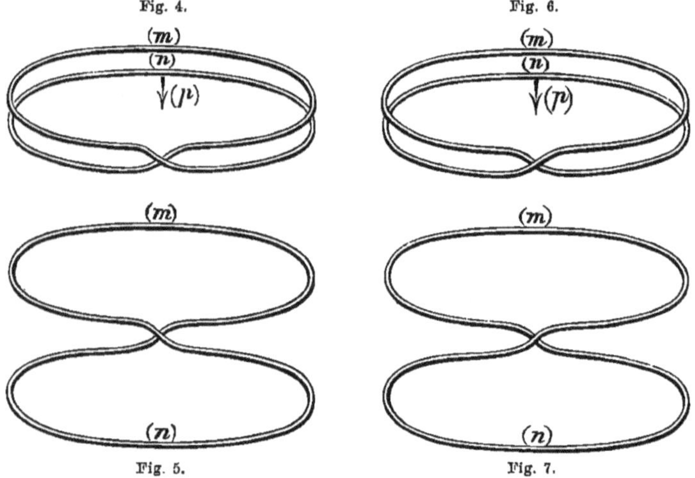

Fig. 4. Fig. 6. Fig. 5. Fig. 7.

von Figur 7 aufklappt, und hierdurch die Beseitigung der jetzt zwischen den beiden Hälften des Streifens vorhandenen Ueberkreuzung möglich wird, treten zu den erwähnten zwei Torsionen um je 180⁰ infolge des letzteren Processes zwei weitere gleichsinnige Torsionen um je 180⁰ hinzu, so dass der absolute Betrag der Gesammtverdrehung im neu erzeugten Streifen in beiden Fällen auf 4×180^0 steigt.

An die hier gegebene elementare Erläuterung des ersten und zweiten Experimentes knüpft sich ausserdem noch eine theoretische Folgerung, welche speciell für die Beurtheilung der jeweiligen Gesammtverdrehung eines geschlossenen mit einem Knoten versehenen

Streifens von Bedeutung ist. Da sich nämlich die Figuren 5 und 7 lediglich durch die zwischen ihren Hälften auftretenden Ueberkreuzungen unterscheiden, so bildet eine Ueberkreuzung zweier Theile eines und desselben geschlossenen Streifens gemäss unseren letzten Bemerkungen das charakteristische Aequivalent für eine Torsion um $+ 2 \times 180^0$ resp. $- 2 \times 180^0$, je nachdem sie mit der als positiv zu bezeichnenden Ueberkreuzung in Figur 5 oder mit der negativen Ueberkreuzung in Figur 7 gleichsinnig ist. Es kann daher auch umgekehrt eine Torsion um $+ 2 \times 180^0$ als positive Ueberkreuzung, eine solche um $- 2 \times 180^0$ als negative Ueberkreuzung zweier Streifentheile auftreten, welcher Satz sich u. A. durch Flachdrücken eines um $+ 2 \times 180^0$ respective um $- 2 \times 180^0$ verdrehten, ringförmig geschlossenen Streifens besonders anschaulich controliren lässt.

II. $T = \pm 2 \times 180^0$: Man erhält zwei ringförmig geschlossene Streifen in derartiger Verbindung, dass jeder von beiden auf einem unverdrehten Theile des anderen Streifens einmal aufgehangen werden kann (Fig. 8, 9). Hierbei lässt sich die Aufhängung sowohl für $T = + 2 \times 180^0$ als auch für $T = - 2 \times 180^0$ entweder im Sinne

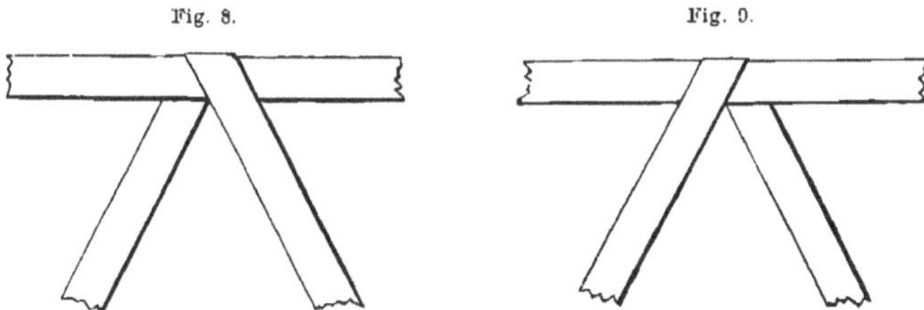

Fig. 8. Fig. 9.

der schematischen Figur 8 oder im entgegengesetzten Sinne (Fig. 9) vornehmen; es erscheint übrigens in Hinblick auf die weiteren Experimente geboten, speciell die erste Aufhängung der Verdrehung um $+ 2 \times 180^0$, hingegen jene im Sinne der Figur 9 der Verdrehung um $- 2 \times 180^0$ zuzuordnen. Jeder der beiden Streifen zeigt dieselbe Gesammtverdrehung wie der ursprüngliche Streifen und kann von dem anderen erst nach einem, dessen ganze Breite durchsetzenden Querschnitte isolirt werden. — Um sich dieses Ergebniss auf graphischem Wege verständlich zu machen, gehe man von der Thatsache aus, dass die Grenzen des gegebenen Streifens hier infolge der Vereinigung der Ecken (1) und (3), (2) und (4) durch zwei geschlossene Curven gebildet werden, deren Verlauf sich für $T = + 2 \times 180^0$ durch Figur 10, für $T = - 2 \times 180^0$ durch Figur 12 schematisch veranschaulichen lässt. Es theilt daher die Mittellinie des Streifens denselben stets in zwei Hälften, deren äussere Ränder (m) und (n) keinen einzigen gemeinsamen Punkt besitzen, so dass der in dieser Mittellinie in sich selbst zurückkehrende Längsschnitt in beiden Fällen je zwei geschlossene Streifen liefern muss, deren Gesammtverdrehungen mit jenen übereinstimmen, welche die Hälften des ursprünglichen Streifens besassen, d. h. im ersten Falle je $+2 \times 180^0$, im zweiten je -2×180^0 betragen. Da ferner die Grenzcurven (m) und (n), sobald sie infolge der Vollendung des erwähnten Schnittes

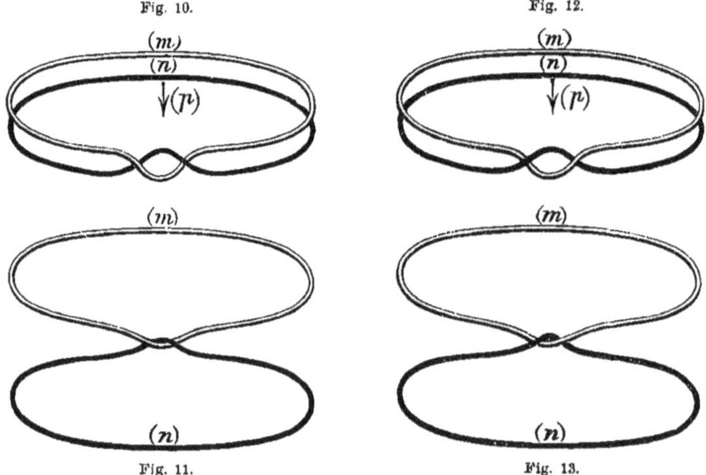

Fig. 10. Fig. 12.

Fig. 11. Fig. 13.

nicht mehr einem einzigen Streifen angehören, augenscheinlich stets die durch die Figuren 11 und 13 charakterisirten Lagen einnehmen können, lassen sich auch die diesen Grenzcurven zugehörigen Hälften des ursprünglichen Streifens in dieselben Lagen bringen, womit speciell die einmalige Aufhängung des einen Streifens auf dem anderen ihre Erklärung gefunden hat.

III. $T = \pm 3 \times 180^0$: Es entsteht ein einziger ringförmig geschlossener Streifen mit einem längs desselben verschiebbaren Knoten, welcher sich auf gewöhnlichem Wege dadurch construiren lässt, dass man die rechtseitige Hälfte eines ungeschlossenen Streifens einmal um die linkseitige windet und dessen rechtseitiges Ende durch die anfänglich gebildete Schlinge hindurchzieht (Fig. 14, 15). Hierbei erfolgt die Knotenbildung speciell für $T = +3 \times 180^0$ im Sinne der schematischen Figur 14, hingegen für $T = -3 \times 180^0$ in jenem von Figur 15, ohne dass eine Transformation des ersten Knotens in den zweiten oder umgekehrt möglich ist. — Um dieses interessante Ergebniss graphisch zu erklären, stütze man sich auf die Thatsache, dass die Grenzen des gegebenen Streifens hier ebenso wie für $T = \pm 1 \times 180^0$ eine einzige geschlossene Curve bilden, deren

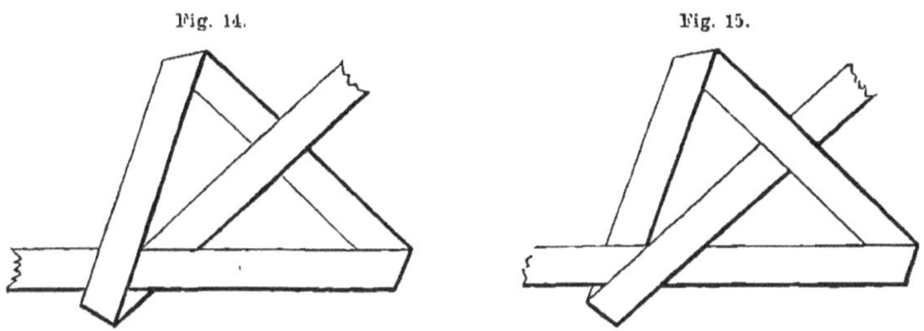

Fig. 14. Fig. 15.

Verlauf für $T = +3 \times 180^0$ durch Figur 16, für $T = -3 \times 180^0$ durch Figur 18 schematisch darstellbar ist. Es entsteht mithin durch Ausführung des in der Mittellinie des Streifens in sich selbst zurückkehrenden Längsschnittes aus denselben Gründen, wie bei einem ringförmig geschlossenen einmal verdrehten Bande in beiden Fällen ein

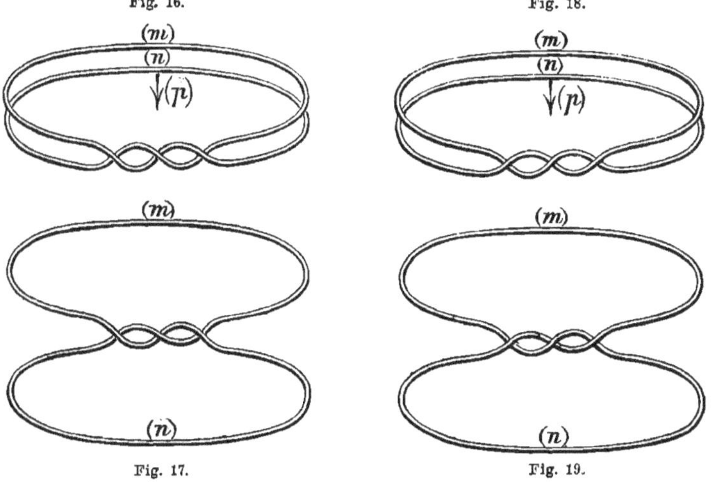

Fig. 16. Fig. 18.

Fig. 17. Fig. 19.

einziger ringförmig geschlossener Streifen. Indem ferner die Randcurve des ursprünglichen Streifens nach Vollendung des Schnittes im ersten Falle nach dem Muster von Figur 17, im zweiten nach jenem von Figur 19 aufklappt, verschlingen sich nunmehr die beiden Hälften des Streifens augenscheinlich conform mit dessen ursprünglicher Randcurve, so dass der Sinn, in welchem die Knotenbildung vor sich geht, bereits durch den Verlauf dieser Randcurve bestimmt wird. Drückt man endlich den neu erzeugten Streifen für $T = +3 \times 180^0$ nach dem Vorbilde von Figur 20, für $T = -3 \times 180^0$ nach jenem von Figur 21 flach, so zeigen sich im ersten Falle neben sechs positiven Torsionen um je 180° zwei positive und eine negative Ueberkreuzung, im zweiten Falle ausser sechs negativen Torsionen um je

Fig. 20.

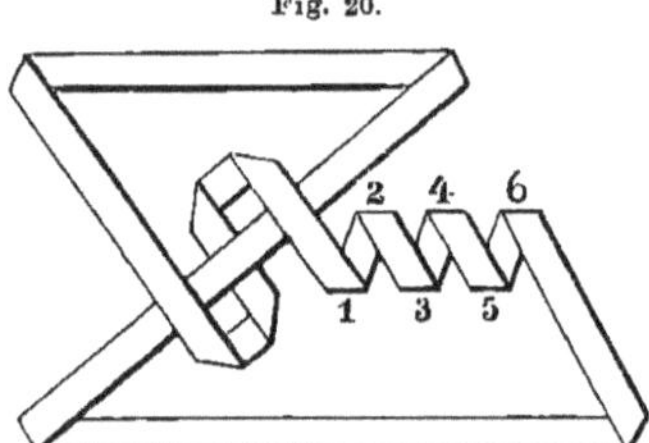

Fig. 21.

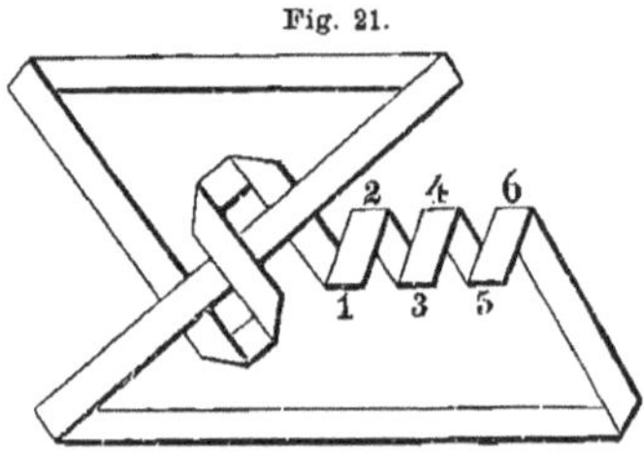

180° zwei negative und eine positive Ueberkreuzung, d. h. es beträgt die Gesammtverdrehung des neu erzeugten Streifens zufolge der früher constatirten Aequivalenz der Ueberkreuzungen mit Torsionen um $\pm 2 \times 180^0$ im ersten Falle:

$$(6 + 4 - 2) \times 180^0 = + 8 \times 180^0,$$

im zweiten Falle:

$$(-6 - 4 + 2) \times 180^0 = - 8 \times 180^0,$$

welche Angaben sich nach der auf S. 20 gegebenen Anleitung auch direct controliren lassen.

IV. $T = \pm 4 \times 180^0$: Man erhält zwei ringförmig geschlossene Streifen in derartiger Verbindung, dass jeder von beiden auf einem unverdrehten Theile des anderen Streifens zweimal aufgehangen werden kann (Fig. 22, 23). Hierbei erfolgen die Aufhängungen speciell

Fig. 22.

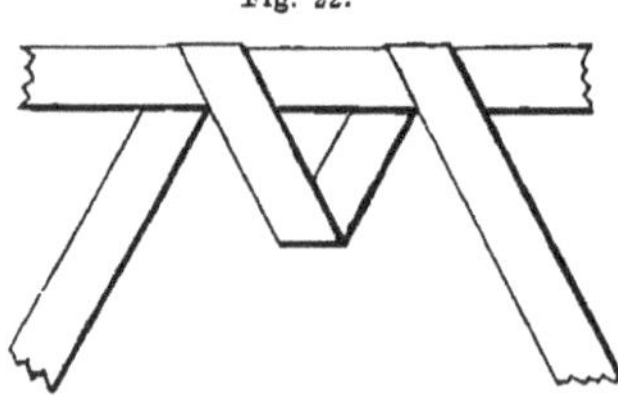

Fig. 23.

für $T = + 4 \times 180^0$ im Sinne der schematischen Figur 22, hingegen für $T = - 4 \times 180^0$ in jenem von Figur 23, ohne dass eine Transformation der ersten Aufhängungsweise in die zweite oder umgekehrt möglich ist. Jeder der beiden Streifen zeigt dieselbe Gesammtverdrehung wie der ursprüngliche Streifen und kann von dem anderen erst nach einem, dessen ganze Breite durchsetzenden Querschnitte isolirt werden. — Um diese Erscheinungen graphisch zu erläutern, gehe man von der Thatsache aus, dass die Grenzen des ursprünglichen Streifens hier ebenso wie für $T = \pm 2 \times 180^0$ durch zwei geschlossene Curven gebildet werden, deren Verlauf sich für $T = + 4 \times 180^0$ durch Figur 24, für $T = - 4 \times 180^0$ durch Figur 26 schematisch wiedergeben lässt.

Es entstehen daher durch Ausführung des in der Mittellinie des Streifens in sich selbst zurückkehrenden Längsschnittes aus denselben Ursachen wie bei einem ringförmig geschlossenen zweimal

Fig. 24. Fig. 26.

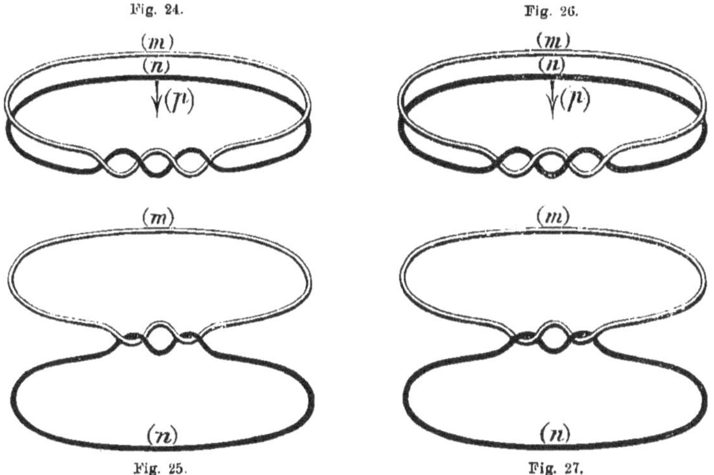

Fig. 25. Fig. 27.

verdrehten Bande in beiden Fällen je zwei geschlossene Streifen, deren Gesammtverdrehungen jenen gleich sind, welche die Hälften des ursprünglichen Streifens besassen, d. h. im ersten Falle je $+ 4 \times 180^0$, im zweiten je $- 4 \times 180^0$ betragen. Da ferner die Grenzcurven (m) und (n), sobald sie infolge der Vollendung des erwähnten Schnittes nicht mehr einem einzigen Streifen angehören, augenscheinlich stets die durch die Figuren 25 und 27 charakterisirten Lagen einnehmen können, lassen sich auch die diesen Grenzcurven zugehörigen Hälften des ursprünglichen Streifens in dieselben Lagen bringen, womit speciell die Erklärung der zweimaligen Aufhängung des einen Streifens auf dem anderen gegeben ist.

V. $T = \pm 5 \times 180^0$: Es entsteht ein einziger ringförmig geschlossener Streifen mit einem längs desselben verschiebbaren Knoten, welcher sich auf gewöhnlichem Wege dadurch erzeugen lässt, dass man die rechtseitige Hälfte eines ungeschlossenen Streifens zweimal um die linkseitige windet und dessen rechtseitiges Ende durch die anfänglich gebildete Schlinge hindurchzieht (Fig. 28, 29). Hierbei erfolgt die Knotenbildung speciell für $T = + 5 \times 180^0$ im Sinne der schematischen Figur 28, hingegen für $T = - 5 \times 180^0$ in jenem von Figur 29, ohne dass es möglich ist, die so erhaltenen Knoten in einander umzuformen. — Die graphische Erklärung dieser Erscheinungen ist

Fig. 28.

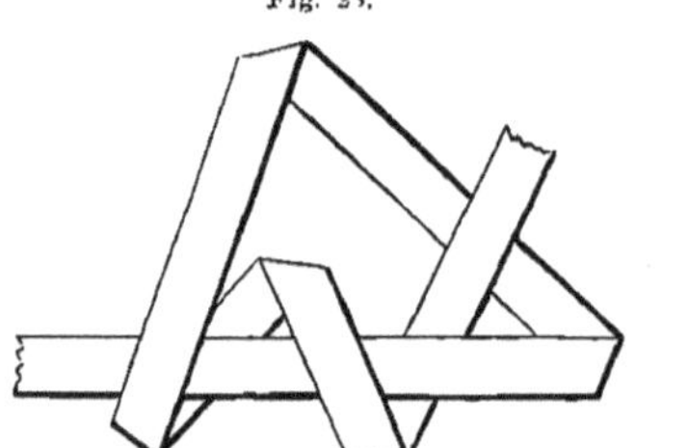

Fig. 29.

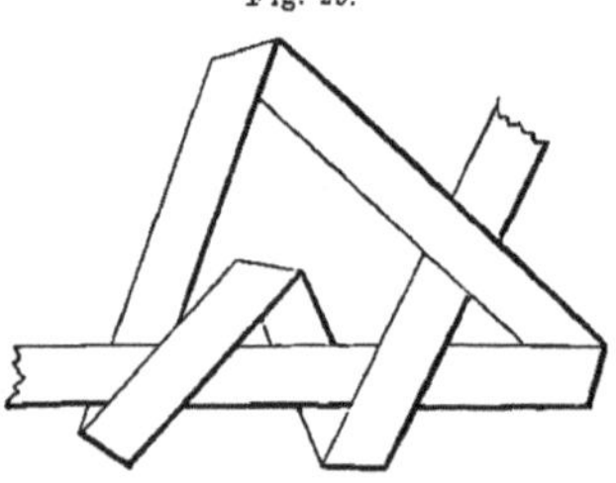

jener des fünften und sechsten Experimentes vollkommen analog, und auch die Bestimmung der Gesammtverdrehungen der neu erzeugten Streifen auf dieselbe Art durchführbar wie für $T = \pm 3 \times 180^0$. Es zeigen sich dann für $T = + 5 \times 180^0$ ausser zehn positiven Torsionen um je 180^0 drei positive und zwei negative Ueberkreuzungen, für $T = - 5 \times 180^0$ neben zehn negativen Torsionen um je 180^0 drei negative und zwei positive Ueberkreuzungen, d. h. es beträgt die Gesammtverdrehung des neu erzeugten Streifens im ersten Falle:

$$(10 + 6 - 4) \times 180^0 = + 12 \times 180^0,$$

im zweiten:

$$(-10 - 6 + 4) \times 180^0 = - 12 \times 180^0.$$

VI. $T = \pm 6 \times 180^0$: Man erhält zwei ringförmig geschlossene Streifen in derartiger Verbindung, dass sich jeder von beiden auf

Fig. 30.

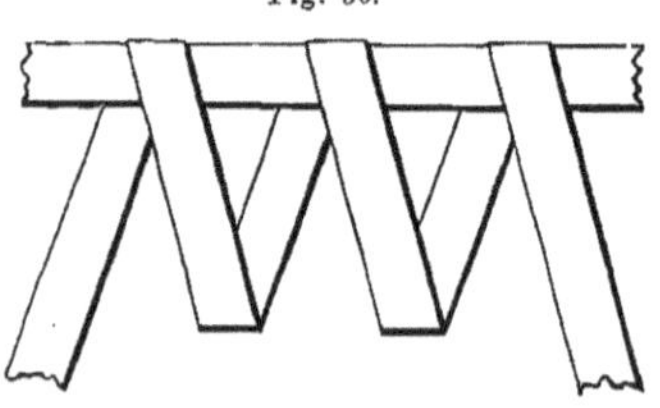

Fig. 31.

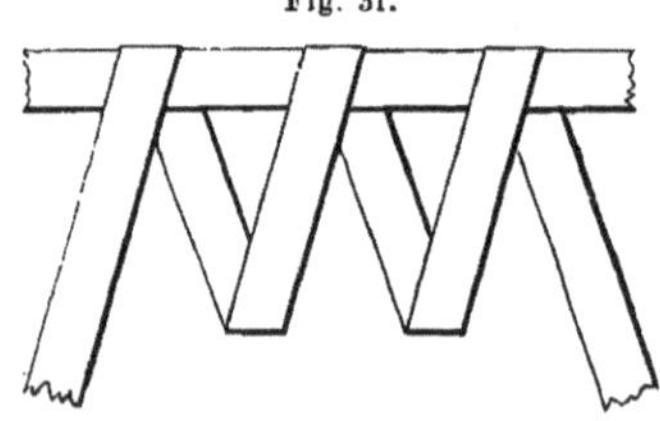

einem unverdrehten Theile des anderen Streifens dreimal aufhängen lässt (Fig. 30, 31). Hierbei erfolgen die Aufhängungen speciell für $T = + 6 \times 180^0$ im Sinne der schematischen Figur 30, hingegen für $T = - 6 \times 180^0$ in jenem von Figur 31, ohne dass man die erste

Aufhängungsweise in die zweite oder umgekehrt verwandeln könnte. Jeder der beiden Streifen zeigt dieselbe Gesammtverdrehung wie der ursprüngliche Streifen und kann von dem anderen erst nach einem, dessen ganze Breite durchsetzenden Querschnitte isolirt werden. — Diese beiden Experimente lassen sich graphisch in ganz analoger Weise wie das siebente und achte Experiment erklären.

VII. $T = \pm 7 \times 180^0$: Es entsteht ein einziger ringförmig geschlossener Streifen mit einem längs desselben verschiebbaren Knoten, welcher sich auf gewöhnlichem Wege dadurch herstellen lässt, dass man die rechtseitige Hälfte eines ungeschlossenen Streifens dreimal um die linkseitige windet und dessen rechtseitiges Ende durch die anfänglich gebildete Schlinge hindurchzieht (Fig. 32, 33). Hierbei erfolgt die Knotenbildung speciell für $T = +7 \times 180^0$ im Sinne der schematischen Figur 32, hingegen für $T = -7 \times 180^0$ in jenem von Figur 33, ohne dass eine Transformation des einen Knotens in den

Fig. 32.

Fig. 33.

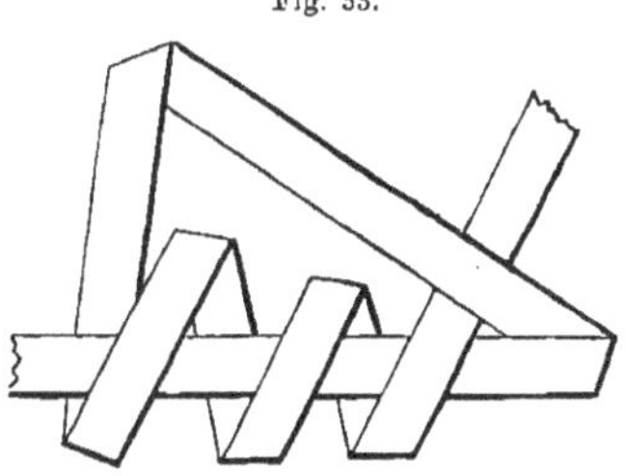

anderen oder umgekehrt möglich ist. — Die graphische Erklärung dieser Erscheinungen ist wieder jener des fünften und sechsten Experimentes vollkommen analog, und auch die Bestimmung der Gesammtverdrehungen der neu erzeugten Streifen auf dieselbe Art durchführbar wie für $T = \pm 3 \times 180^0$. Es zeigen sich dann für $T = +7 \times 180^0$ ausser vierzehn positiven Torsionen um je 180^0 vier positive und drei negative Ueberkreuzungen, für $T = -7 \times 180^0$ neben vierzehn negativen Torsionen um je 180^0 vier negative und drei positive Ueberkreuzungen, d. h. es beträgt die Gesammtverdrehung des neu erzeugten Streifens im ersten Falle: $(14 + 8 - 6) \times 180^0 = +16 \times 180^0$, im zweiten: $(-14 - 8 + 6) \times 180^0 = -16 \times 180^0$.

Die bisher besprochenen Thatsachen liefern folgende zwei Gesetze:

(1.) Verdreht man das rechtseitige Ende eines Streifens von der Breite b und der Länge l vor seiner Vereinigung mit dem anderen Ende um irgend ein ungerades Vielfaches von 180^0, also — unter k eine beliebige positive Zahl gedacht — allgemein um: $\pm (2k + 1) \times 180^0$, so liefert der in der Mittellinie des Streifens in sich selbst zurücklaufende Längsschnitt einen einzigen ringförmig geschlossenen Streifen von der Breite $\frac{1}{2}b$ und der Länge $2l$ mit einem längs desselben verschiebbaren Knoten, welcher sich auf gewöhnlichem Wege dadurch herstellen lässt, dass man die rechtseitige Hälfte eines ungeschlossenen Streifens k-mal um die linkseitige windet und dessen rechtseitiges Ende durch die anfänglich gebildete Schlinge hindurchzieht. Die Knotenbildung erfolgt in verschiedenem Sinne, je nachdem die Verdrehung des ursprünglichen Streifens eine positive oder negative war, ohne dass die in beiden Fällen erhaltenen Knoten — sie mögen als positiver und negativer Knoten k^{ter} Art bezeichnet werden — für irgend eine Specialisirung von k in einander umgeformt werden können. Ausser dem Knoten besitzt der neu erzeugte Streifen auch noch eine charakteristische Verdrehung, indem seine Gesammttorsion zwar mit jener des ursprünglichen Streifens gleichsinnig, ihr absoluter Betrag jedoch auf $4(k+1) \times 180^0$ gestiegen ist, wobei zwei Torsionen um je 180^0 stets in der Form einer positiven, beziehungsweise negativen Ueberkreuzung zweier Streifentheile auftreten.

(2.) Verdreht man andererseits das rechtseitige Ende des Streifens vor seiner Vereinigung mit dem zweiten Ende um irgend ein gerades Vielfaches von 180^0, also allgemein um $\pm 2k \times 180^0$, so entstehen durch Ausführung des erwähnten Schnittes immer zwei ringförmig geschlossene Streifen von der Breite $\frac{1}{2}b$ und der Länge l in derartiger Verbindung, dass jeder von beiden auf einem unverdrehten Theile des anderen Streifens k-mal aufgehangen werden kann. Auch die Aufhängungen erfolgen in verschiedenem Sinne, je nachdem die Verdrehung des ursprünglichen Streifens eine positive oder negative war, wobei hervorzuheben ist, dass sich die in beiden Fällen erhaltenen Verbindungen — sie mögen als positive und negative Verbindung k^{ter} Art bezeichnet werden — nur für $k = 1$ in einander transformiren lassen. Die durch den Schnitt erhaltenen Streifen zeigen in beiden Fällen dieselbe Gesammtverdrehung wie der ursprüngliche Streifen und können erst nach einem, die ganze Breite des ersten oder zweiten Streifens durchsetzenden Querschnitte von einander isolirt werden."

§ 2. **Schnitte parallel zur Mittellinie.**

„Etwas complicirtere Erscheinungen treten bei den in Betracht gezogenen ringförmig geschlossenen Streifen auf, falls man den in sich selbst zurückkehrenden Längsschnitt statt in der Mittellinie des betreffenden Streifens beispielsweise im Abstande a parallel zu derselben ausführt und demgemäss, so oft die Gesammtverdrehung des Streifens ein ungerades Vielfaches von 180⁰ beträgt, den Ausgangspunkt des Schnittes erst nach zwei Umläufen erreicht. Es sei uns gestattet, auch diese Erscheinungen in Kürze zu beschreiben.

Ia. $T = \pm 1 \times 180^0$: Man erhält zwei ringförmig geschlossene Streifen, von welchen der eine die Breite $2a$ und die Länge l, der andere die Breite $\frac{1}{2}(b - 2a)$ und die Länge $2l$ besitzt. Beide Streifen stehen mit einander in einer Verbindung erster Art und zeigen eine mit jener des ursprünglichen Streifens gleichsinnige Gesammtverdrehung, deren absoluter Werth bei dem kürzeren Streifen 1×180^0, bei dem längeren 4×180^0 beträgt.

IIa. $T = \pm 2 \times 180^0$: Man erhält zwei ringförmig geschlossene Streifen von gleicher Länge l, von welchen der eine die Breite $\frac{1}{2}(b - 2a)$, der andere die Breite $\frac{1}{2}(b + 2a)$ besitzt. Beide Streifen stehen mit einander in einer Verbindung erster Art und zeigen dieselbe Gesammtverdrehung wie der ursprüngliche Streifen.

IIIa. $T = \pm 3 \times 180^0$: Man erhält zwei ringförmig geschlossene Streifen, von welchen der eine die Breite $2a$ und die Länge l, der andere die Breite $\frac{1}{2}(b - 2a)$ und die Länge $2l$ besitzt. Beide Streifen stehen mit einander in einer Verbindung zweiter Art, ausserdem aber ist der längere Streifen auf dem kürzeren mit einem Knoten erster Art aufgeknüpft (Fig. 34, 35). Verbindung und Knoten

Fig. 34. Fig. 35.

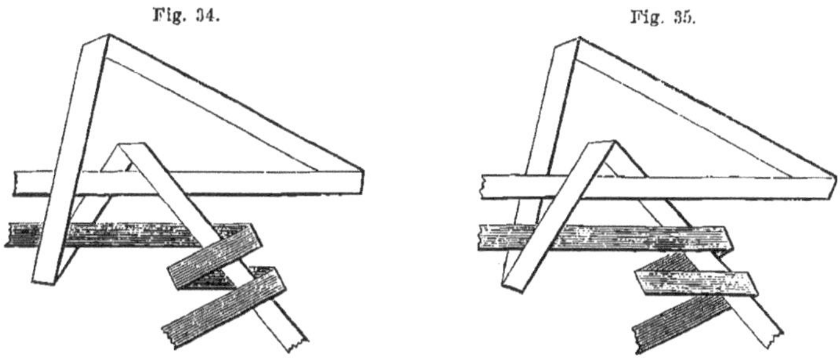

sind bei positivem T positiv (Fig. 34), bei negativem T negativ (Fig. 35). Jeder der beiden Streifen zeigt eine mit jener des ursprünglichen Streifens gleichsinnige Gesammtverdrehung, deren absoluter Werth bei dem kürzeren Streifen 3×180^0, bei dem längeren 8×180^0 beträgt.

IVa. $T = \pm 4 \times 180^0$: Man erhält zwei ringförmig geschlossene Streifen von gleicher Länge l, von welchen der eine die Breite

$\frac{1}{2}(b - 2a)$, der andere die Breite $\frac{1}{2}(b + 2a)$ besitzt. Beide Streifen stehen mit einander in einer Verbindung zweiter Art, welche bei positivem T positiv, bei negativem T negativ ist, und zeigen dieselbe Gesammtverdrehung wie der ursprüngliche Streifen.

Va. $T = \pm 5 \times 180^0$: Man erhält zwei ringförmig geschlossene Streifen, von welchen der eine die Breite $2a$ und die Länge l, der andere die Breite $\frac{1}{2}(b - 2a)$ und die Länge $2l$ besitzt. Beide Streifen stehen mit einander in einer Verbindung dritter Art, ausserdem aber ist der längere Streifen auf dem kürzeren mit einem Knoten zweiter Art aufgeknüpft (Fig. 36, 37). Verbindung und Knoten

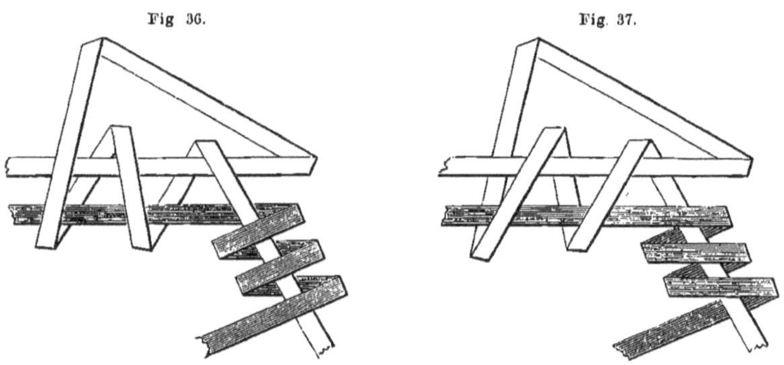

Fig. 36. Fig. 37.

sind bei positivem T positiv (Fig. 36), bei negativem T negativ (Fig. 37). Jeder der beiden Streifen zeigt eine mit jener des ursprünglichen Streifens gleichsinnige Gesammtverdrehung, deren absoluter Werth bei dem kürzeren Streifen 5×180^0, bei dem längeren 12×180^0 beträgt.

Auf Grundlage dieser speciellen Resultate gelangt man ohne Schwierigkeit zu den nachstehenden allgemeinen Ergebnissen, welche für $a = 0$ wieder die Gesetze (1) und (2) liefern, folglich die letzteren als einfache Specialisirungen in sich schliessen:

(I.) So oft die Gesammttorsion T eines ringförmig geschlossenen, knotenfreien Streifens von der Breite b und der Länge l ihrer absoluten Grösse nach $(2k + 1) \times 180^0$ beträgt, und derselbe mithin von **einer einzigen** geschlossenen Curve begrenzt wird, erzeugt ein im Abstande a **parallel zur Mittellinie** des Streifens fortlaufender, in sich selbst zurückkehrender Längsschnitt zwei ringförmig geschlossene Streifen, von welchen der eine die Breite $2a$ und die Länge l, der andere die Breite $\frac{1}{2}(b - 2a)$ und die Länge $2l$ besitzt. Beide Streifen stehen mit einander in einer Verbindung $(k+1)^{\text{ter}}$ Art, ausserdem aber ist **der längere** Streifen auf dem kürzeren **mit einem Knoten** k^{ter} **Art** aufgeknüpft. **Verbindung** und **Knoten** sind bei positivem T **positiv**, bei negativem T **negativ**. Beide Streifen zeigen eine mit jener des ursprünglichen Streifens gleichsinnige Gesammtverdrehung, deren absoluter Werth bei dem kürzeren Streifen $(2k+1) \times 180^0$, bei dem längeren $4(k+1) \times 180^0$ ausmacht.

(II.) So oft hingegen die Gesammttorsion des gegebenen Streifens ihrer absoluten Grösse nach $2k \times 180^0$ beträgt, und derselbe mithin von **zwei** geschlossenen Curven begrenzt wird, liefert der erwähnte Längsschnitt zwei ringförmig geschlossene Streifen von **gleicher** Länge l, von welchen der eine die Breite $\frac{1}{2}(b-2a)$, der andere die Breite $\frac{1}{2}(b+2a)$ besitzt. Beide Streifen stehen mit einander in einer Verbindung k^{ter} Art, welche bei positivem T **positiv**, bei negativem T **negativ** ist, und zeigen **dieselbe** Gesammtverdrehung wie der ursprüngliche Streifen."

Dritter Abschnitt.

Ueber Erzeugung einfacher Verbindungen und Knoten mit Hilfe des topologischen Rotationsprocesses.

§ 1. Transformation eines rechteckigen Streifens in ein ringförmig geschlossenes Band.[1])

Enthält ein ringförmig geschlossener Streifen eine beliebige Anzahl Torsionen, so liefert ein in der Mittellinie des Streifens in sich selbst zurücklaufender Längsschnitt ein Gebilde, für welches die im vorhergehenden Abschnitte S. 28 f. angeführten Sätze gelten. Die Gestalt des durch den Schnitt erhaltenen Gebildes hängt also hier lediglich von der Anzahl derjenigen Torsionen ab, die der geschlossene Streifen vor Ausführung des Schnittes enthielt. Ihrer Art nach gleiche Gebilde kann man nun auch durch eine andere Operation erhalten, die zum Theil in gewissen Verdrehungen besteht, welche mit dem geschlossenen Streifen vorgenommen werden. Bei dieser Operation erweist sich aber die Art des entstehenden Gebildes als gänzlich unabhängig von den in dem geschlossenen Streifen ursprünglich vorhandenen Torsionen; die letzteren treten vielmehr nur additiv zu denjenigen Torsionen hinzu, welche die Anwendung dieser neuen Operation auf einen untordirten geschlossenen Streifen in diesem hervorrufen würde. Hingegen wird sich zeigen, dass diese Art genau in derselben Weise von der Anzahl jener, sofort näher zu beschreibenden Verdrehungen abhängt, wie sie bei den durch die Sätze (1) und (2) (Seite 28 f.) definirten Gebilden von der Anzahl derjenigen Torsionen abhängig ist, welche der geschlossene Streifen ursprünglich enthielt. Um dies nachzuweisen und um zugleich die neue Operation abzuleiten, gehe ich zunächst aus von einem rechteckigen Papierstreifen; wird das

1) Die Untersuchungen dieses und des folgenden Abschnittes wurden von dem Verfasser bereits im vergangenen Jahre der kaiserlichen Akademie der Wissenschaften in Wien vorgelegt und in deren Sitzungsberichten (Bd. 98, Abth. 2, S. 79—106) publicirt. Die Steine zu den lithographischen Tafeln konnten mit gütiger Bewilligung genannter Akademie bei vorliegendem Drucke benutzt werden.

eine Ende desselben in beliebiger Weise tordirt und mit dem anderen Ende vereinigt, so gelten für den auf solche Weise ringförmig geschlossenen Streifen die beiden Sätze (1) und (2). Aber diese Sätze gelten offenbar auch dann noch, wenn man aus dem Streifen, bevor man ihn tordirt und seine beiden Enden zusammenheftet, ein beliebig gestaltetes Flächenstück F (Taf. I, Fig. 1) herausschneidet, das nur nicht so gross sein darf, dass es in den Umriss $ACBD$ eingreift; ich kann auch die beiden Seitentheile C und D nach oben resp. unten ausdehnen, so dass ich ein geschlossenes Oval $ACBD$ erhalte, welches auf seiner Unterlage flach aufliegt (Fig. 2). Wenn ich alsdann ein Streifentheilchen B nach einer Verdrehung um beliebige Vielfache von 180° mit einem nicht an B anstossenden Streifentheilchen A (am bequemsten natürlich mit einem Theilchen, das recht weit von B entfernt liegt) etwa durch zwei Nadeln vereinige, die senkrecht zur Richtung der Tangente in A gesteckt sind, und dann zwischen den beiden Nadeln die Breite des Streifens quer durchschneide, so weist das so entstehende Gebilde offenbar gleichfalls diejenigen Verbindungen oder Knoten auf, welche die beiden Sätze (1) und (2) für den gewöhnlichen ringförmig geschlossenen Streifen fordern. Es ist bei der Verdrehung des Streifentheilchens B natürlich darauf zu achten, dass diese Drehung so stattfindet, wie es gemäss der Entstehung der Fig. 2 aus Fig. 1 (Taf. I) geschehen muss, also nicht um die Mittellinie mn der Begrenzung des geschlossenen Ovals als Axe, sondern um eine Gerade rs als Axe, die in der Ebene des Ovals liegt und in B senkrecht zur Mittellinie verläuft, oder kürzer ausgedrückt: um die Verbindungslinie AB als Axe. (Würde man um die Mittellinie drehen, so erhielte man natürlich stets zwei getrennte, um entgegengesetzte Vielfache von 180° verdrehte Ringe.)

Und nun der letzte Schritt! Ob der geschlossene Streifen vor seiner Verdrehung flach aufliegt, wie in Fig. 2, oder ob seine Begrenzung aufrecht stehend ist, wie in Fig. 3 (Taf. I), ist gleichgiltig: die Sätze (1) und (2) gelten ebensowohl für Fig. 2 wie für Fig. 3. Das Gebilde, von dem ich aber im letzteren Falle ausgehe, stellt einen ringförmig geschlossenen untordirten Streifen dar. Wenn ich bei ihm ein Theilchen B einem anderen A entgegenbiege, um beliebige Vielfache von 180° auf die soeben angegebene Art und Weise verdrehe, mit A vereinige und dann die Vereinigungsstelle $A \equiv B$ quer durchschneide, so besitzt das alsdann entstehende Gebilde wiederum dieselben Verbindungen oder Knoten, welche die Sätze (1) und (2) fordern. Die Drehung, welche vor dem Vereinigen der beiden Streifentheilchen stattfindet, will ich, hauptsächlich im Hinblick auf ihre Aequivalenz mit einer in § 4 zu schildernden Drehung, als Rotation bezeichnen.

Was die Breite des durch die soeben beschriebene Operation aus dem ringförmig geschlossenen Streifen entstandenen Gebildes betrifft, so ist dieselbe natürlich unverändert geblieben, da kein Längsschnitt, sondern nur ein einfacher Querschnitt geführt wurde. Aus gleichem Grunde ist auch die gesammte Länge des erzeugten Gebildes dieselbe wie die des geschlossenen Streifens, freilich nur vom rein topologischen Standpunkte betrachtet: in Wirklichkeit hat sie sich um das kleine Stückchen verringert, das für die beiden Nadeln oder die zusammenheftende Materie nöthig ist und das daher als beliebig klein angesprochen werden darf.

Endlich ist die Thatsache, dass bei dieser Rotation kein Schnitt längs der Mittellinie des geschlossenen Streifens geführt wird, die Ursache des Umstandes, dass die Art des erzeugten Gebildes ganz unabhängig davon ist, ob dieser Streifen mit Torsionen behaftet war oder nicht. Waren Torsionen vorhanden, so setzt sich die Gesammttorsion des neu erzeugten Gebildes aus ihnen und aus denjenigen Torsionen additiv zusammen, welche durch die Rotation entstehen. Fand eine Rotation statt um ungerade Vielfache von 180^0, etwa um $\pm(2r+1)\times 180^0$, und bezeichnet $\pm a$ den Betrag der in dem ringförmig geschlossenen Streifen ursprünglich vorhandenen Torsionen, so wird daher der Betrag der Gesammttorsion des durch die Rotation erzeugten Gebildes gleich

$$\pm 4(r+1)\times 180^0 \pm a\times 180^0.$$

Im Falle einer Rotation um gerade Vielfache von 180^0, etwa um $\pm 2r\times 180^0$, wird jener Betrag gleich

$$\pm 4r\times 180^0 \pm a\times 180^0;$$

in diesem Falle, in welchem nach Satz (2) zwei Ringe entstehen, verstehe ich unter Gesammttorsion natürlich die Summe der in beiden Ringen enthaltenen Torsionen.

Ich habe bisher nur gesagt, dass die beiden Theilchen A und B des geschlossenen Streifens nach Vornahme jener Drehung mit einander vereinigt werden müssen, habe aber noch nicht festgesetzt, welche Seiten der beiden Theilchen hierbei auf einander gelegt werden sollen. Die Art dieser Vereinigung ist aber in dem Falle, in welchem zwei Ringe entstehen, wo also eine Rotation um gerade Vielfache von 180^0 stattfand, von Einfluss auf die einzelnen Torsionen dieser Ringe; ich sage auf die einzelnen Torsionen: die Gesammttorsion, d. h. die

Summe der in beiden Ringen enthaltenen Torsionen, wird durch die Vereinigungsweise nicht alterirt, denn nachdem jene Rotation vollzogen, können neue Torsionen in dem Streifen nicht auftreten, wie auch die beiden Theilchen A und B vereinigt werden mögen, da der Streifen ringförmig geschlossen ist. Daher brauche ich hinsichtlich der Art der Vereinigung nur den Fall zu berücksichtigen, dass eine Rotation um gerade Vielfache von 180° stattfand; drehe ich um ungerade Vielfache, so entsteht ja nach Führung des Querschnittes überhaupt nur ein einziger Ring, eine Vertheilung der Torsion auf zwei Bestandtheile des erzeugten Gebildes kann alsdann nicht stattfinden.

Die Vereinigung der zwei gegenüberliegenden Theilchen A und B eines ringförmig geschlossenen Streifens lässt sich nun auf vier verschiedene Arten vornehmen, wie ich an dem einfachen Beispiele eines untordirten Streifens zeigen will, da im allgemeinen Falle die Sache sich ganz ebenso verhält. Jeder Art entspricht eine eigene Vertheilung der in dem Streifen durch die Rotation hervorgerufenen Torsionen auf die beiden durch die Vereinigung entstandenen Bezirke.

Es werde durch Fig. 4 (Taf. I) der flach in die Ebene niedergelegte ringförmig geschlossene Streifen dargestellt; alsdann ist sofort klar, dass folgende Möglichkeiten vorhanden sind:

1) Die beiden oberen Seiten von A und B werden an einander geheftet.

2) Die beiden unteren Seiten von A und B werden an einander geheftet.

3) Die obere Seite von B wird unmittelbar unter die untere Seite von A gelegt.

4) Die untere Seite von B kommt unmittelbar auf die obere Seite von A zu liegen.

In allen vier Fällen entstehen durch die Vereinigung zwei ringförmige Bezirke, von denen der dem Beschauer abgewandte mit R_1, der andere mit R_2 bezeichnet werden möge. Man sieht nun sofort ein, dass in den Fällen 1) und 2) weder im Ringe R_1, noch im Ringe R_2 eine Aenderung in der Anzahl der in Folge der Rotation bereits vorhandenen Torsionen eintreten kann. Diese Vereinigungsweisen will ich deshalb als „reguläre" bezeichnen. Bei einer Vereinigung im Sinne des Falles 3) tritt jedoch im Ringe R_1 eine positive, in R_2 eine negative Torsion auf, und im Falle 4) ist es gerade umgekehrt. Diese beiden Vereinigungsweisen will ich als „irreguläre" bezeichnen.

Fand also eine Rotation statt im Betrage von $t = \pm 2r \times 180^0$, so enthält bei regulärer Vereinigung jeder Ring t Torsionen; bei irregulärer Vereinigung ist der Torsionscoefficient x_1 des Ringes R_1 gleich $t+1$, der von R_2 ist $x_2 = t-1$ oder umgekehrt.

Enthielt der ringförmig geschlossene Streifen schon von Hause aus etwa a Torsionen in positivem oder negativem Sinne, so verdient der Fall einer Rotation um gerade Vielfache von 180°, also um $t = \pm 2r \times 180^0$, auch noch insofern eine besondere Erwähnung, als hier hinsichtlich der Vertheilung jener ursprünglichen Torsionen auf die beiden bei der Rotation entstehenden Ringe $a+1$ verschiedene Möglichkeiten vorliegen. Man kann nämlich vor der Vereinigung der beiden Streifentheilchen A und B eine beliebige Anzahl a_1 der ursprünglich vorhandenen a Torsionen etwa in den Theil des geschlossenen Streifens schieben, der später den Ring R_1 bildet; die übrigen $a_2 = a - a_1$ Torsionen befinden sich alsdann in dem Ringe R_2. Da a_1 alle Werthe von 0 bis a durchlaufen kann, so ergeben sich in der That $a+1$ Möglichkeiten. Mit Berücksichtigung des Sinnes der in dem ringförmig geschlossenen Streifen ursprünglich vorhandenen Torsionen erhält man alsdann für die Torsionscoefficienten x_1 und x_2 der beiden Ringe R_1 und R_2 folgende Werthe:

Bei regulärer Vereinigung ist

$$x_1 = t \pm a_1, \quad x_2 = t \pm a_2,$$

bei irregulärer Vereinigung ist

dem Falle 3) entsprechend:

$$x_1 = t + 1 \pm a_1, \quad x_2 = t - 1 \pm a_2,$$

dem Falle 4) entsprechend:

$$x_1 = t - 1 \pm a_1, \quad x_2 = t + 1 \pm a_2.$$

Die Gesammttorsion ist aber stets gleich $2t \pm a$, wie auch schon oben (S. 35) bemerkt wurde.

Schliesslich wäre noch zu erwähnen, dass die beiden Ringe nur dann von gleicher Grösse sind, wenn jene Theilchen A und B des geschlossenen Streifens so liegen, dass sie denselben in zwei gleiche Theile theilen. Besitzen aber A und B eine solche Lage, dass sie auf dem geschlossenen Streifen Theile von verschiedener Grösse markiren, so bildet der kleinere Theil des Streifens einen kleineren Ring, der grössere Theil einen grösseren Ring. Es ist dies ganz natürlich, muss aber der Vollständigkeit halber erwähnt werden.

Ebenso ist selbstverständlich, dass durch wiederholte Vornahme der oben beschriebenen Rotation nicht nur jeder geschlossene Streifen mit beliebig vielen, von einander isolirten Knoten beliebiger Art versehen werden kann, sondern man kann auch eine ganze Kette von Ringen herstellen, in denen sich Knoten befinden.

§ 2. Längsdrehungen des ringförmig geschlossenen Streifens.

Die Torsionscoefficienten der zwei bei einer Rotation um gerade Vielfache von 180^0 entstehenden Ringe lassen sich auch noch insofern ändern, als es möglich ist, die in dem einen Ringe enthaltenen Torsionen um eine beliebige Anzahl zu vermehren, während dann aber gleichzeitig in dem anderen Ringe ebenso viele Torsionen von entgegengesetztem Sinne auftreten.

Ertheilt man nämlich vor Vereinigung der beiden Streifentheilchen A und B (Taf. I, Fig. 4) dem Stücke BC des geschlossenen Streifens eine Torsion um die Mittellinie — eine Längsdrehung — im Betrage $\pm l \times 180^0$ (wie dies im Falle der positiven Torsionen der Pfeil p bei B andeuten mag), so bedingt diese Drehung von BC um $\pm l \times 180^0$ ein gleichzeitiges Auftreten einer Torsion um $\mp l \times 180^0$ in dem übrigen Theile des geschlossenen Streifens, da ein solcher Streifen keine neuen Drehungen acquiriren kann. Je nachdem man also die Stelle B im einen oder anderen Sinne um die Mittellinie des Streifens $l$mal verdreht, erhält der Ring R_1 einen Zuwachs seiner Torsionszahl um $\pm l \times 180^0$, während sich gleichzeitig die Torsionen von R_2 um $\mp l \times 180^0$ ändern.

In dem allgemeinen Falle, dass der geschlossene Streifen von Hause aus a positive oder negative Torsionen enthielt und Rotationen im Betrage $t \times 180^0 = \pm 2r \times 180^0$, sowie Längsdrehungen im Betrage $\pm l \times 180^0$ stattfanden, ergeben sich daher für die Torsionscoefficienten x_1 und x_2 der beiden Ringe R_1 und R_2 im Anschlusse an die Formeln in § 1 folgende Werthe:

Bei regulärer Vereinigung ist:

$$x_1 = t \pm a_1 \pm l, \quad x_2 = t \pm a_2 \mp l;$$

bei irregulärer Vereinigung ist

dem Falle 3) entsprechend:

$$x_1 = t + 1 \pm a_1 \pm l, \quad x_2 = t - 1 \pm a_2 \mp l,$$

dem Falle 4) entsprechend:

$$x_1 = t - 1 \pm a_1 \pm l, \quad x_2 = t + 1 \pm a_2 \mp l.$$

Die Gesammttorsion ist wieder stets gleich $2t \pm a_1 \pm a_2 = 2t \pm a$.

§. 3. Graphische Darstellung.

Auch auf graphischem Wege lassen sich die in § 1 erhaltenen Resultate, soweit sie sich nicht auf die Torsionscoefficienten, sondern nur auf die Art des erzeugten Gebildes beziehen, leicht demonstriren, wie es Taf. II für die einfachsten Fälle zeigt.

Es ist leicht einzusehen, dass z. B. Rotationen um positive Vielfache von 180^0 so darzustellen sind, wie es der Pfeil in Fig. 7 andeutet: die linke untere Hälfte des geschlossenen Streifens ist z. B. im Falle einer positiven Rotation um 1×180^0 vor dem Zusammenheften der zwei gegenüber liegenden Streifentheile einfach über die rechte Hälfte zu legen (vgl. Fig. 9), bei mehrfachen positiven Torsionen in dem eingeschlagenen Sinne fortgesetzt um die rechte Hälfte zu schlingen; bei negativen Torsionen findet Analoges statt mit der rechten unteren Hälfte des Streifens.

Fig. 8 stellt den Fall dar, dass keine Rotation stattfand; man sieht sofort, dass beim Durchschneiden der durch den Strich m angedeuteten Vereinigungsstelle zwei isolirte Ringe entstehen. Fig. 9 repräsentirt den Fall einer positiven Rotation um 1×180^0; wird die Vereinigungsstelle durchschnitten und die ganze Figur im Sinne des Uhrzeigers um 1×90^0 in ihrer Ebene gedreht, so entsteht offenbar durch eine kleine Deformation Fig. 10, also ein einziges geschlossenes Band.[1]) Die Figuren 11 und 12 repräsentiren den Fall einer negativen Rotation um 1×180^0. Fig. 13 stellt eine positive Rotation um 2×180^0 schematisch dar; Fig. 14 ist mit Fig. 13 äquivalent, wie eine Trennung der Vereinigungsstelle und Drehung von Fig. 13 um 90^0 im Sinne des Uhrzeigers sofort ergibt. Man erhält also im Falle $t = +2 \times 180^0$ in der That zwei Ringe in positiver Verbindung erster Art. Analoges wie von Fig. 13 gilt von Fig. 15, nur erfolgte bei Fig. 15 die Rotation um 2×180^0 in negativem Sinne, so dass hier die Verbindung erster Art als negativ anzusehen ist. Fig. 16 repräsentirt die positive Rotation um 3×180^0; diese Figur ist mit Fig. 17 äquivalent und ergibt daher[2]) einen positiven Knoten erster Art, während, wie ebenfalls leicht ersichtlich, Fig. 18 dem negativen Knoten erster Art entspricht. Fig. 19 repräsentirt die positive Rotation um 4×180^0; es ist dann wieder Fig. 20 mit Fig. 19 äquivalent, und ergibt daher der Fall $t = +4 \times 180^0$ in der That zwei Ringe in einer positiven Verbindung zweiter Art, während Fig. 21, der Rotation $t = -4 \times 180^0$ entsprechend, zwei Ringe in negativer Verbindung zweiter Art liefern würde. U. s. w.

§ 4. Ein neuer topologischer Process.

Alle Verbindungen und Knoten, welche sich durch die in den vorhergehenden Paragraphen besprochene Operation herstellen lassen,

1) Man beachte hier die Uebereinstimmung der Figuren 10, 12, 14, 17, 20 (Taf. II) mit den entsprechenden Figuren 5, 7, 11, 17, 25 im Texte.

2) S. Anmerkung 1.

kann man auch in anderer Weise, aber wiederum von einem ringförmig geschlossenen Streifen ausgehend, erzeugen, und zwar folgendermassen:

Man nehme einen ringförmig geschlossenen, der Einfachheit halber untordirten Streifen und lege ihn so zusammen, wie es Fig. 5 (Taf. I) zeigt, so dass man also, von oben betrachtend, nur die obere Seite der einen Hälfte der beiden über einander gelegten Hälften des Streifens sieht. Man denke sich ferner in der Mitte *M* eine zur Zeichenebene senkrechte Drehaxe befindlich und drehe nun die obere Hälfte des Streifens im Sinne der Bewegung des Uhrzeigers um diese Axe, wie dies Fig. 6 (Taf. I) andeutet. Nachdem diese Rotation unter beständigem Festhalten der beiden in *M* über einander liegenden Streifentheilchen um $t \times 180^0$ erfolgt ist, vereinige man die beiden in *M* befindlichen Theilchen in derselben Weise, wie dies früher in § 1 nach Vollzug der Rotationen geschah. Führt man nun wieder durch die Vereinigungsstelle einen Querschnitt, so ergeben sich in dem Bande genau dieselben positiven Verbindungen und Knoten, die wir in § 1 bei einer positiven Rotation um $t \times 180^0$ erhielten. Dreht man die obere Hälfte des Streifens in dem der Bewegung des Uhrzeigers entgegengesetzten Sinne, so erhält man die negativen Verbindungen und Knoten.

Ebenso findet Uebereinstimmung mit den früher angegebenen Werthen der Torsionscoefficienten statt, auch wenn der geschlossene Streifen ursprünglich schon Torsionen enthielt und vor der Vereinigung der beiden Theilchen noch Längsdrehungen erfolgten: es gelten dieselben Formeln, welche wir in § 1 und 2 für die Torsionscoefficienten im Falle der regulären Vereinigung aufgestellt haben.

Dass diese Uebereinstimmung stattfindet, ist sehr leicht erklärlich. Würden wir nämlich den soeben beschriebenen Process graphisch darstellen, so würden sich durch eine einfache Deformation genau die Figuren der Tafel II ergeben; und auch aus dem Umstande folgt schon die Uebereinstimmung, dass auch hier um die Verbindungslinie der zwei über einander gelegten Theilchen als Axe gedreht wird, wie dies früher bei der Rotation geschah, wo gleichfalls diese Verbindungslinie als Drehaxe diente.

Es wirft sich nun unmittelbar die Frage auf: Was für Gebilde entstehen, wenn man die obere Hälfte des geschlossenen Streifens nicht um Vielfache von 180^0, sondern um ungerade Vielfache von 90^0 im Sinne des Uhrzeigers dreht, in *M* beide Hälften kreuzweise zusammenheftet und nun einen die Mittellinie des ganzen Streifens durchsetzenden, in sich selbst zurückkehrenden Längsschnitt führt?

Ferner kann man fragen, was für Gebilde bei dieser Rotation um ungerade Vielfache von 90^0 entstehen, wenn der Streifen schon von Hause aus irgend welche Torsionen enthielt, wobei noch zu beachten ist, dass diese ursprünglich vorhandenen Torsionen auch auf die zwei durch das Zusammenheften entstehenden Bezirke beliebig vertheilt und überdies dem geschlossenen Streifen vor dem Zusammenheften noch solche Längsdrehungen ertheilt werden können, wie wir schon in § 2 betrachteten. Kurz, es eröffnet sich hier eine ganze Fülle weiterer Fragen. Ich habe in dieser Hinsicht bereits einige Resultate erhalten, die ich später gelegentlich zu publiciren gedenke.

Hier sei nur bemerkt, dass sich im Falle einer *Rotation* um 1×90^0 natürlich nur solche Gebilde ergeben können, wie Herr *Simony* aus *kreuzförmigen Flächen* durch paarweise Vereinigung zweier benachbarten Enden (geschlossenen Flächen erster Classe) und einen in sich selbst zurückkehrenden Längsschnitt durch die Mittellinie erhielt[1]); denn die zu diesem Schnitte fertige Fläche ist eben im Falle einer Rotation um 1×90^0 eine Fläche erster Classe. *Dreht man jedoch nicht einmal um* 90^0, *sondern eine beliebige ungerade Anzahl mal, so liefert jener Längsschnitt im allgemeinen complicirtere Gebilde*, und zwar häufig diejenigen Gebilde, welche Herr *Simony* bei der Untersuchung jener Erscheinungen erhielt, welche bei einem unverdrehten, biegsamen Ringe von kreisförmigem Querschnitte auftreten, wenn man einen, den Ring bis zur Mittellinie durchsetzenden, längs der letzteren in sich selbst zurückkehrenden Schnitt durch denselben führt.[2]) Herr Simony bezeichnet die hierbei auftretenden topologischen Gattungsbegriffe als *Knotenverbindungen*. Ausgehend von einem untordirten geschlossenen Streifen und ohne Hinzufügung von Längsdrehungen erhielt ich nun beispielsweise bei Rotationen t um ungerade Vielfache von 90^0 im Sinne der Bewegung des Uhrzeigers nachstehende Serie von Knotenverbindungen:

Es lieferte $t = 1$ ein knotenfreies Gebilde,
$t = 3$ eine Knotenverbindung vom Typus $[(+)_1^2]$,
$t = 5$ „ „ „ „ $[(+)_1^3]$,

1) Vergl. Herrn Simony's Abhandlung: „Ueber jene Gebilde, welche aus kreuzförmigen Flächen durch paarweise Vereinigung ihrer Enden und gewisse in sich selbst zurückkehrende Schnitte entstehen." (Sitzb. d. kais. Akad. d. Wissensch. in Wien, Bd. 84, Abth. 2, S. 237, 1881, oder auch Math. Annalen, Bd. 19, S. 111.)

2) „Ueber eine Reihe neuer mathematischer Erfahrungssätze." (Sitzb. d. kais. Akad. d. Wissensch. in Wien, Bd. 85, Abth. 2, S. 907 ff., 1882, oder auch Math. Annalen, Bd. 24, S. 253 ff.)

$t = 7$ eine Knotenverbindung vom Typus $[(+)_1(+)_2^2]$,
$t = 9$ „ „ „ „ $[(+)_2^3]$,
$t = 11$ „ „ „ „ $[(+)_2(+)_3^2]$,

und dies sind merkwürdiger Weise von Fall zu Fall genau dieselben Gebilde, welche Herr Simony bei Ringen von kreisförmigem Querschnitte erhielt, wenn die Axendrehung des schneidenden Instrumentes bei Vollendung des Schnittes $-t \times 360^0$ beträgt, und die um die Mittellinie des betreffenden Ringes erfolgende Drehung des Schnittes in vier Umläufen vollendet wird.[1]) Allgemein würde sich für $t = 4k + \varrho$ im Falle $\varrho = 1$ eine Knotenverbindung vom Typus $[(+)_k^3]$, im Falle $\varrho = 3$ eine solche vom Typus $[(+)_k(+)_{k+1}^2]$ ergeben.[2])

Erfolgt die Rotation um ungerade Vielfache von 90^0 in dem der Bewegung des Uhrzeigers entgegengesetzten Sinne, so entstehen die entsprechenden Knotenverbindungen von negativem Typus.

§ 5. **Beispiele.**

Es sei mir gestattet, einige Beispiele zu den in den vorhergehenden Paragraphen betrachteten topologischen Processen zu geben.

Enthält ein ringförmig geschlossenes Band vier negative Torsionen, so kann dasselbe mittelst einer positiven Rotation um 1×180^0 in ein untordirtes geschlossenes Band verwandelt werden. Nach § 1 ist nämlich die Torsionszahl x des bei einer Rotation um $\pm(2r+1) \times 180^0$ entstehenden Gebildes gleich $\pm 4(r+1) - a$, wenn das Band vor der Rotation schon a negative Torsionen enthielt; in unserem Falle ist nun die Rotation $t = +(2r+1) = 1$, mithin $r = 0$, ferner $a = 4$, also wird $x = 4 - 4 = 0$.

Hätte das geschlossene Band ursprünglich acht negative Torsionen enthalten, so würde eine positive Rotation um 3×180^0 ein untordirtes Band mit einem positiven Knoten erster Art liefern, denn alsdann wäre $t = +(2r+1) = 3$, mithin $r = 1$ und $x = 4 \,.\, 2 - 8 = 0$.

Man erhält zwei untordirte Ringe in positiver Verbindung zweiter Art, wenn bei regulärer Vereinigung für $t = +4\,(r = +2)$ die Werthe $x_1 = t + a_1 + l$, $x_2 = t + a_2 - l$ verschwinden (§ 2). Aus den Gleichungen $0 = 4 + a_1 + l$ und $0 = 4 + a_2 - l$ folgt alsdann

$$a_1 + a_2 = -8,$$

d. h. das geschlossene Band muss ursprünglich acht negative Torsionen enthalten. Den Gleichungen $a_1 + l = -4$ und $a_2 - l = -4$ kann nun in mehrfacher Weise genügt werden; gibt man nämlich z. B. a_1

1) Ibid. S. 917.
2) Ibid. S. 921.

einen der Werthe -8, -7, -6, -5, -4, -3, -2, -1, 0, so sind die entsprechenden Werthe von $a_2 : 0, -1, -2, -3, -4, -5, -6, -7, -8$ und die von $l : +4, +3, +2, +1, 0, -1, -2, -3, -4$.

Ausgehend von zwei ringförmig geschlossenen Streifen, deren einer eine negative, der andere eine positive Torsion um 1×180^0 enthält, kann man unter Anwendung genau gleicher Operationen auf beide Streifen im ersten einen positiven Knoten erster Art, im zweiten einen solchen zweiter Art erzeugen. Da man nämlich mit Hilfe einer positiven Rotation um 1×180^0 die Torsionszahl um vier positive Einheiten vermehren kann, so besitzt nach Vollzug dieser Operation der eine Streifen 3, der andere 5 positive Torsionen; wird nun in beiden Fällen ein Längsschnitt durch die Mittellinie des Streifens geführt, so ergibt sich nach dem Satze (1) (S. 28 f.) ein positiver Knoten erster, resp. zweiter Art. Dieses Resultat ist in dem folgenden Satze als specieller Fall enthalten: Erzeugt man in einem um irgend ein ungerades Vielfaches $\pm(2a+1)$ von 180^0 tordirten, ringförmig geschlossenen Streifen durch Rotation um $\pm(2k+1) \times 180^0$ einen Knoten vom Typus $(\pm)_k$, so bleibt die Torsionszahl ungerade, so dass die Ausführung eines Längsschnittes nunmehr eine primäre Knotenverschlingung 0ter Ordnung[1]) liefert.

Noch will ich bemerken, dass man in dem soeben betrachteten allgemeinen Falle zwei isolirte Knoten, nämlich einen vom Typus $(\pm)_a$ und einen vom Typus $(\pm)_k$ erhalten würde, wenn man zuerst den Längsschnitt und hierauf die Rotation ausführte.

---

1) Vgl. über diesen topologischen Gattungsbegriff Herrn Simony's Abhandlung: „Ueber den Zusammenhang gewisser topologischer Thatsachen mit neuen Sätzen der höheren Arithmetik und dessen theoretische Bedeutung." (Sitzb. d. kais. Akad. d. Wissensch. in Wien, Bd. 96, Abth. 2, S. 202, 1887.) Vergl. auch Nr. 8 des Tageblattes der 59. Versammlung deutscher Naturforscher und Aerzte in Berlin, S. 336, 1886.

Vierter Abschnitt.

Ueber Erzeugungsweisen einfacher Verbindungen und Knoten in geschlossenen Flächen, welche in gewisser Weise aus beliebig vielen tordirten Streifen hergestellt sind.

§ 1. Definitionen und Bezeichnungen.

Verfertigt man nach dem Muster der schematischen Figur 22 (Taf. III) eine Fläche, welche aus beliebig vielen, etwa u, Streifen T_1, $T_2, \ldots T_u$ zusammengesetzt ist, deren Mittellinien oa_1, $oa_2, \ldots oa_u$ sämmtlich in einem und demselben Punkte o zusammenlaufen, so lässt sich aus dieser Fläche mit u bandförmigen Fortsätzen eine geschlossene Fläche in einfachster Weise dadurch herstellen, dass man auch alle noch freien Enden a_1, a_2, . . . a_u jener u Fortsätze in einem und demselben Punkte o' insgesammt vereinigt, wie Fig. 23 (Taf. III) andeutet. Bevor wir diese Vereinigung ausführen, wollen wir noch jedem Streifen beliebige Torsionen um irgend welche ganze Vielfache von 180^0 ertheilen, und zwar mag $\pm t_i \times 180^0$ die Torsionszahl des Streifens T_i bedeuten, so dass also $\pm t_i$ eine beliebige ganze Zahl ist, deren Vorzeichen von dem Sinne der Drehung abhängt. Diese Drehung werde als positiv oder negativ definirt, je nachdem dieselbe im Sinne der Pfeile p (Fig. 23) oder im entgegengesetzten Sinne vorgenommen worden ist. Die auf solche Weise erhaltene geschlossene Fläche will ich im Folgenden als geschlossene Fläche bezeichnen, welche aus u Streifen hergestellt ist.

Ein längs der Mittellinien sämmtlicher Streifen in sich selbst zurücklaufender Schnitt $a_1\ o\ a_2\ a_3\ o\ a_4\ a_5\ o \ldots a_1$ liefert alsdann neue geschlossene Flächen, welche mit F_1, F_2, . . . F_u bezeichnet werden mögen, wenn sie sich hinsichtlich ihres Inhalts zu der ursprünglichen Fläche resp. wie 1 zu u, oder wie 2 zu u, . . ., oder wie u zu u verhalten. Die jeweilige Gesammtverdrehung einer solchen Fläche F_i werde durch $x_i \times 180^0$ bezeichnet, wobei sich der Torsionscoefficient x_i als lineare Function der Torsionscoefficienten t_1, t_2, . . . t_u ergeben wird.

In den beiden nächsten Paragraphen gebe ich nun diejenigen Torsionen an, welche den einzelnen Fortsätzen ertheilt werden müssen, um durch jenen längs der Mittellinie geführten Schnitt einfache Verbindungen oder Knoten zu erhalten.

§ 2. Erzeugung einfacher Verbindungen.[1])

Wenn wir fragen, welche Torsionen den einzelnen Streifen einer aus beliebig vielen Streifen hergestellten geschlossenen Fläche zu ertheilen sind, um durch Führung des Mittelschnittes zwei Flächen zu erhalten, die mit einander in einer positiven oder negativen Verbindung irgend welcher Art stehen, so ist zuerst die Vorfrage zu erledigen, wie man die Torsionen zu wählen hat, um überhaupt gerade zwei Flächen zu erhalten. Hierüber geben nun diejenigen Sätze Auskunft, welche von Herrn Schuster für eine Classification aller jener Flächensysteme angegeben worden sind, welche bei geschlossenen, aus beliebig vielen tordirten Streifen hergestellten Flächen in Betracht kommen.[2])

Hiernach erhält man durch Führung des Mittelschnittes zwei Flächen in den folgenden zwei Fällen:

1) wenn bei einer aus beliebig vielen tordirten Streifen hergestellten Fläche zwei Torsionscoefficienten gerade, alle übrigen ungerade Zahlen sind;

2) wenn bei einer aus einer geraden Anzahl tordirter Streifen hergestellten Fläche sämmtliche Torsionscoefficienten ungerade Zahlen sind.

Die Resultate meiner Experimente behufs Erzeugung einfacher Verbindungen sind nun folgende:

A) Flächen, die aus **beliebig vielen** (u) tordirten Streifen hergestellt sind.

---

1) Durch das Attribut „einfach“ soll nicht nur angedeutet werden, dass ich die Erzeugung mehrfacher Verbindungen und Knoten unberücksichtigt lasse, sondern ich will damit auch sagen, dass in dem sich ergebenden Gebilde nur eine Verbindung, resp. ein Knoten, natürlich beliebiger Art auftreten soll. Hinsichtlich der Gattungsbegriffe „k-fache Verbindung“, „k-facher Knoten“ vgl. Herrn Simony's Abhandlung: „Ueber jene Gebilde, welche aus kreuzförmigen Flächen durch paarweise Vereinigung ihrer Enden und gewisse in sich selbst zurückkehrende Schnitte entstehen.“ (Sitzungsber. d. kais. Akad. d. Wissensch. in Wien, Bd. 84, Abth. 2, S. 255 f., 1881, oder auch Math. Annalen, Bd. 19, S. 119 f.)

2) S. h. die Abhandlung von Herrn Schuster: „Ueber jene Gebilde, welche geschlossenen, aus drei tordirten Streifen hergestellten Flächen durch gewisse Schnitte entspringen.“ Sitzungsber. d. kais. Akad. d. Wissensch. in Wien, Bd 97, Abth. 2, S. 241 f., 1888.

1) Zwei beliebige Streifen T_h und T_k besitzen resp. die Torsionscoefficienten $t_h = 0$, $t_k = \pm 2k$, die übrigen $u - 2$ Torsionscoefficienten sind, bei beliebiger Vertheilung auf die $u - 2$ Streifen, theils $+ 1$, theils $- 1$, sind also nur ihrem absoluten Werthe nach gleich 1. Befinden sich zwischen T_h und T_k im einen Theile des ganzen Cyclus p, im anderen q Streifen, so dass also $p + q + 2 = u$, so erhält man nach Führung des Mittelschnittes eine Fläche F_{p+1} und eine F_{q+1} in einer Verbindung k^{ter} Art, welche positiv oder negativ ist in Uebereinstimmung mit dem Vorzeichen der Zahl t_k; für die Art der Verbindung ist es daher gleichgiltig, wie viele Torsionen gleich $+ 1$, wie viele gleich $- 1$ sind, indem diese Art nur von dem geradzahligen Torsionscoefficienten $t_k = \pm 2k$ abhängt. Wohl aber sind die in den beiden resultirenden Flächen F_{p+1} und F_{q+1} enthaltenen Torsionen durch die Anzahl der positiven und negativen Torsionscoefficienten vom Werthe $|1|$ bestimmt[1]), und zwar in folgender Weise: Sind p' jener p Torsionen gleich $+ 1$, p'' gleich $- 1$, analog q' der q Torsionen gleich $+ 1$, q'' gleich $- 1$, so besitzen die Torsionscoefficienten der beiden Flächen die Werthe:

$$x_{p+1} = t_k + 4(p' - p''), \quad x_{q+1} = t_k + 4(q' - q'').$$

Die Thatsache, dass die Art der Verbindung von der Anzahl der Torsionen, welche ihrem Werthe nach einerseits gleich $+ 1$, andererseits gleich $- 1$ sind, völlig unabhängig ist, wird auch fernerhin stets dann wiederkehren, wenn nicht alle Torsionen gleich $|1|$ sind, sondern zwei derselben ausgezeichnete Werthe besitzen; nur der Fall, dass sämmtliche Torsionen gleich $|1|$ sind, wird von dieser Regel abweichen. Analoges findet auch statt bei der Erzeugung von Knoten. Ich werde diese Thatsache bei der weiteren Aufzählung der Fälle, in denen Verbindungen oder Knoten entstehen, nicht mehr besonders hervorheben, wohl aber kann die in § 4 dieses Abschnittes behandelte graphische Darstellung auch dafür eine Erklärung abgeben, weshalb gerade der Unterschied $p' - p''$, resp. $q' - q''$ zwischen der Anzahl positiver und negativer Torsionen vom Werthe $|1|$ in den Werthen der Torsionscoefficienten x_{p+1}, resp. x_{q+1} auftritt.

Weitere Fälle, in denen Verbindungen entstehen, sind:

B) Flächen, die aus einer **geraden** Anzahl von Streifen hergestellt sind, $u = 2n$.

---

1) Der absolute Werth einer beliebigen Zahl n werde, wie gewöhnlich, durch $|n|$ bezeichnet.

2) Zwei beliebige Streifen T_h und T_k besitzen die Torsionscoefficienten $t_h = \pm 2h$, $t_k = \pm 2k$, die $2n - 2$ übrigen Torsionen betragen zur einen Hälfte je $+ 1 \times 180^0$, zur anderen Hälfte je $- 1 \times 180^0$, und zwar bei beliebiger Vertheilung der $n - 1$ positiven und der $n - 1$ negativen Torsionen auf die $2n - 2$ Streifen. Man erhält, bei gleicher Bezeichnungsweise wie unter 1), eine F_{p+1} und eine F_{q+1} in Verbindung von der Art $\left|\frac{t_h + t_k}{2}\right|$, welche positiv oder negativ ist in Uebereinstimmung mit dem Vorzeichen von $t_h + t_k$. Die Torsionscoefficienten sind:

$$x_{p+1} = t_h + t_k + 4(p' - p''), \quad x_{q+1} = t_h + t_k + 4(q' - q'').$$

Hierbei ist $p' + q' = p'' + q'' = n - 1$, $p' + q' + p'' + q'' + 2 = 2n$.

3) Zwei beliebige Streifen T_h und T_k besitzen die Torsionscoefficienten $t_h = \pm (2h + 1)$, $t_k = \pm (2k + 1)$, die $2n - 2$ übrigen Torsionen betragen, wiederum bei beliebiger Vertheilung, zur einen Hälfte je $+ 1 \times 180^0$, zur anderen Hälfte je $- 1 \times 180^0$. Man erhält zwei gleiche Flächen F_n in Verbindung von der Art $\left|\frac{t_h + t_k}{2}\right|$; auch hier stimmt das Vorzeichen dieser Verbindung wieder überein mit dem Vorzeichen von $t_h + t_k$. Der Torsionscoefficient ist für beide Flächen gleich $t_h + t_k$.

4) Sämmtliche Streifen besitzen den Torsionscoefficienten $|1|$, und zwar seien p' dieser Torsionen gleich $+ 1 \times 180^0$, $p'' = 2n - p'$ gleich $- 1 \times 180^0$. Man erhält zwei gleiche Flächen F_n in einer Verbindung von der Art $\left|\frac{p'' - p'}{2}\right|$ oder, was dasselbe ist, von der Art $|n - p'|$ oder $|p'' - n|$; diese Verbindung ist positiv oder negativ in Uebereinstimmung mit dem Vorzeichen von $p'' - p'$, d. h. je nachdem die Anzahl der negativen oder die der positiven Torsionen überwiegt. Der Torsionscoefficient ist für beide Flächen gleich $p' - p''$.

Es folgt nun noch ein singulärer Fall:

5a) Zwei beliebige Streifen T_h und T_k besitzen den Torsionscoefficienten $t_h = t_k = + 2$, alle übrigen $2n - 2$ Torsionen betragen bei beliebiger Vertheilung $|1| \times 180^0$, so zwar, dass die Anzahl der Torsionen vom Betrage $- 1 \times 180^0$ die Anzahl der Torsionen vom Betrage $+ 1 \times 180^0$ um zwei Einheiten übertrifft. Man erhält eine Fläche F_{p+1} und eine F_{q+1} in negativer Verbindung zweiter Art; die Torsionscoefficienten sind:

$$x_{p+1} = 4 + 4(p' - p''), \quad x_{q+1} = 4 + 4(q' - q'').$$

Hierbei ist $p' + q' + 2 = p'' + q''$, $p' + q' + p'' + q'' = 2n - 2$, also $p' + q' = n - 2$, $p'' + q'' = n$.

5b) Es ist $t_h = t_k = -2$, alle übrigen $2n - 2$ Torsionen betragen bei beliebiger Vertheilung $|1| \times 180^0$, so zwar, dass die Anzahl der hierunter befindlichen positiven Torsionen die Anzahl der negativen um zwei Einheiten übertrifft. Man erhält eine Fläche F_{p+1} und eine F_{q+1} in positiver Verbindung zweiter Art mit den Torsionscoefficienten

$$x_{p+1} = -4 + 4(p' - p''), \quad x_{q+1} = -4 + 4(q' - q''),$$

wobei $p' + q' = p'' + q'' + 2$, $p' + q' + p'' + q'' = 2n - 2$, also $p' + q' = n$, $p'' + q'' = n - 2$.

C) Flächen, die aus einer **ungeraden** Anzahl von Streifen hergestellt sind, $u = 2n + 1$.

6a) Zwei beliebige Streifen T_h und T_k besitzen die Torsionscoefficienten $t_h = +2h$, $t_k = +2$, alle übrigen $2n - 1$ Torsionen betragen bei beliebiger Vertheilung $|1| \times 180^0$, jedoch so, dass die Anzahl der hierunter befindlichen negativen Torsionen die Anzahl der positiven um eine Einheit übertrifft. Man erhält eine Fläche F_{p+1} und eine F_{q+1} in positiver Verbindung $(h-1)^{\text{ter}}$ Art mit den Torsionscoefficienten

$$x_{p+1} = 2h + 2 + 4(p' - p''), \quad x_{q+1} = 2h + 2 + 4(q' - q''),$$

wobei $p' + q' + 1 = p'' + q''$, $p' + q' + p'' + q'' + 2 = 2n + 1$, also $p' + q' = n - 1$, $p'' + q'' = n$.

6b) Es ist $t_h = -2h$, $t_k = -2$, alle übrigen $2n - 1$ Torsionen sind gleich $|1| \times 180^0$, jedoch so, dass die Anzahl der hierunter befindlichen positiven Torsionen die der negativen um eine Einheit übertrifft: Eine Fläche F_{p+1} in negativer Verbindung $(h-1)^{\text{ter}}$ Art mit einer F_{q+1}; $x_{p+1} = -2h - 2 + 4(p' - p'')$, $x_{q+1} = -2h - 2 + 4(q' - q'')$, wobei $p' + q' = p'' + q'' + 1$, $p' + q' + p'' + q'' + 2 = 2n + 1$, also $p' + q' = n$, $p'' + q'' = n - 1$.

6c) Es ist $t_h = +2h$, $t_k = -2$, alle übrigen $2n - 1$ Torsionen sind gleich $|1| \times 180^0$, jedoch so, dass die Anzahl der hierunter befindlichen positiven Torsionen die der negativen um eine Einheit übertrifft: Eine Fläche F_{p+1} in positiver Verbindung $(h+1)^{\text{ter}}$ Art mit einer F_{q+1}; $x_{p+1} = 2h - 2 + 4(p' - p'')$, $x_{q+1} = 2h - 2 + 4(q' - q'')$, wobei $p' + q' = p'' + q'' + 1$, $p' + q' + p'' + q'' + 2 = 2n + 1$, also $p' + q' = n$, $p'' + q'' = n - 1$.

6d) Es ist $t_h = -2h$, $t_k = +2$, alle übrigen $2n - 1$ Torsionen sind gleich $|1| \times 180^0$, jedoch so, dass die Anzahl der hierunter befindlichen negativen Torsionen die der positiven um eine Einheit übertrifft: Eine Fläche F_{p+1} in negativer Verbindung $(h+1)^{\text{ter}}$ Art mit einer F_{q+1}; $x_{p+1} = -2h + 2 + 4(p' - p'')$, $x_{q+1} = -2h + 2 + 4(q' - q'')$, wobei $p' + q' + 1 = p'' + q''$, $p' + q' + p'' + q'' + 2 = 2n + 1$, also $p' + q' = n - 1$, $p'' + q'' = n$.

§ 3. Erzeugung einfacher Knoten.

Fragen wir nach den Torsionen, welche den einzelnen Streifen einer aus beliebig vielen Streifen hergestellten geschlossenen Fläche zu ertheilen sind, um durch Führung des Mittelschnittes eine einzige Fläche mit einem einfachen Knoten irgend welcher Art zu erhalten, so ist wieder zuerst die Vorfrage zu erledigen, unter welchen Bedingungen man gerade eine einzige Fläche erhält. Der schon oben benutzte Satz von Herrn Schuster beantwortet uns diese Frage dahin, dass man in den folgenden zwei Fällen durch Führung des Mittelschnittes nur eine Fläche erhält:

1) wenn bei einer aus beliebig vielen tordirten Streifen hergestellten Fläche ein Torsionscoefficient eine gerade Zahl ist, während alle übrigen ungerade sind;

2) wenn bei einer aus einer ungeraden Anzahl tordirter Streifen hergestellten Fläche sämmtliche Torsionscoefficienten ungerade Zahlen sind.

Die Resultate meiner Experimente behufs Erzeugung einfacher Knoten sind nun folgende:

A) Flächen, die aus **beliebig vielen** (u) tordirten Streifen hergestellt sind.

1) Zwei beliebige Streifen T_h und T_k besitzen die Torsionscoefficienten $t_h = 0$, $t_k = \pm(2k+1)$, die übrigen $u-2$ Torsionscoefficienten sind, bei beliebiger Vertheilung auf die $u-2$ Streifen, theils $+1$, theils -1, sind also nur ihrem absoluten Werthe nach gleich 1. Man erhält nach Führung des Mittelschnittes eine Fläche F_u mit einem Knoten k^{ter} Art, welcher positiv oder negativ ist in Uebereinstimmung mit dem Vorzeichen von t_k. Der Torsionscoefficient der Fläche ist $x_u = 2(t_k \pm 1) + 4(p' - p'')$, wobei p' die Anzahl der positiven, p'' die der negativen Torsionen um $|1| \times 180^0$ bedeutet und das Vorzeichen von 1 mit demjenigen von t_k gleichsinnig ist.

Noch möchte ich mir erlauben, einen Satz mitzutheilen über die Erzeugung mehrerer Knoten in Flächen, die aus beliebig vielen Streifen hergestellt sind; zwar geht dieser Satz, strenge genommen, über die Grenzen dieses Abschnittes hinaus, darf aber doch vielleicht hier eine Stelle finden. Derselbe lautet:

Sind die Torsionszahlen $t_1, t_2, \ldots t_u$ einer aus u Streifen zusammengesetzten geschlossenen Fläche mit Ausnahme eines einzigen: t_r ungerade, so liefert die Ausführung eines längs der Mittellinien sämmtlicher Streifen in sich selbst zurückkehrenden Schnittes für $t_r = 0$ eine einzige geschlossene Fläche F_u mit der Torsionszahl

$$x_u = 2(t_1 \pm 1) + 2(t_2 \pm 1) + \cdots + 2(t_{r-1} \pm 1) + 2(t_{r+1} \pm 1) + \cdots + 2(t_u \pm 1)$$

und $u - 1$ isolirten und beliebig vertauschbaren einfachen Knoten, wobei jeder ungeraden Torsionszahl t_i $(i = 1, 2, \ldots r - 1, r + 1, \ldots u)$ ein gleichsinniger Knoten mit der Windungszahl $\frac{1}{2}\{|t_i| - 1\}$ entspricht und in dem Ausdrucke für den Torsionscoefficienten x_u das Vorzeichen von 1 stets mit jenem des zugehörigen t_i übereinstimmt.

Die $u - 1$ Knoten lassen sich auch neben einander mit einer gemeinsamen Basis anordnen, so dass sie eine Knotenreihe bilden, deren Glieder mit einander vertauschbar sind. Fig. 24 (Taf. III) stellt eine solche aus vier Gliedern bestehende Knotenreihe dar. Von den Knotenverbindungen unterscheiden sich diese Reihen dadurch, dass bei ersteren die einzelnen Glieder der Verbindung unvertauschbar sind, weil die einzelnen Knotenwindungen von den Schlusstheilen aller nachfolgenden Knoten durchsetzt werden; die Knoten einer Knotenreihe lassen sich jedoch in beliebiger Weise umordnen.

B) Flächen, die aus einer **geraden** Anzahl von Streifen hergestellt sind, $u = 2n$.

2) Zwei beliebige Streifen T_h und T_k besitzen die Torsionscoefficienten $t_h = \pm 2h$, $t_k = \pm(2k + 1)$, die $2n - 2$ übrigen Torsionen betragen bei beliebiger Vertheilung zur einen Hälfte je $+ 1 \times 180^0$, zur anderen Hälfte je $- 1 \times 180^0$. Man erhält eine Fläche F_u mit einem Knoten von der Windungszahl $|\pm h \pm k|$, wobei die Vorzeichen von h und k gleichsinnig sind mit denjenigen von t_h, resp. t_k; dieser Knoten ist positiv oder negativ in Uebereinstimmung mit dem Vorzeichen von $\pm h \pm k$. Der Torsionscoefficient der Fläche ist $x_u = 2(t_h + t_k \pm 1)$, wobei ± 1 mit t_k gleichsinnig ist.

C) Flächen, die aus einer **ungeraden** Anzahl von Streifen hergestellt sind, $u = 2n + 1$.

3) Sämmtliche Streifen besitzen den Torsionscoefficienten $|1|$, und zwar seien p' dieser Torsionen gleich $+ 1 \times 180^0$, $p'' = 2n + 1 - p'$ gleich $- 1 \times 180^0$. Man erhält eine Fläche F_u mit einem Knoten von der Windungszahl $k = \frac{1}{2}\{|p'' - p'| - 1\}$ oder, was dasselbe ist, von der Windungszahl $\frac{1}{2}\{|2p'' - u| - 1\}$ oder $\frac{1}{2}\{|u - 2p'| - 1\}$; dieser Knoten ist positiv, wenn die Anzahl der negativen Torsionen die der positiven um mehr als eine Einheit übertrifft, d. h. für $p'' - p' > 1$, er ist negativ, wenn die Anzahl der positiven Torsionen die der negativen um mehr als eine Einheit übertrifft, d. h. für $p' - p'' > 1$, man erhält eine knotenfreie Fläche, wenn die Differenz zwischen

der Anzahl positiver und negativer Torsionen gleich 1 ist, d. h. für $|p'-p''|=1$. Der Torsionscoefficient der Fläche ist seinem absoluten Zahlenwerthe nach gleich $4k$, und zwar ist derselbe positiv, wenn der Knoten negativ ist, und umgekehrt.

Auch hier tritt wieder ein singulärer Fall auf:

4a) Zwei beliebige Streifen T_h und T_k besitzen den Torsionscoefficienten $t_h = t_k = +3$, alle übrigen $2n-1$ Torsionen betragen bei beliebiger Vertheilung $|1| \times 180^0$, jedoch so, dass die Anzahl der hierunter befindlichen negativen Torsionen die der positiven um eine Einheit übertrifft. Man erhält eine Fläche F_u mit einem negativen Knoten erster Art und dem Torsionscoefficienten $x_u = +4$.

4b) Es ist $t_h = t_k = -3$, alle übrigen $2n-1$ Torsionen betragen bei beliebiger Vertheilung $|1| \times 180^0$, jedoch so, dass die Anzahl der hierunter befindlichen positiven Torsionen die der negativen um eine Einheit übertrifft. Man erhält eine Fläche F_u mit einem positiven Knoten erster Art und dem Torsionscoefficienten $x_u = -4$.

5a) Zwei beliebige Streifen T_h und T_k besitzen die Torsionscoefficienten $t_h = +(2h+1)$, $t_k = +2$, alle übrigen $2n-1$ Torsionen betragen bei beliebiger Vertheilung $|1| \times 180^0$, jedoch so, dass die Anzahl der hierunter befindlichen negativen Torsionen die der positiven um eine Einheit übertrifft. Man erhält eine Fläche F_u mit einem positiven Knoten $(h-1)^{\text{ter}}$ Art und dem Torsionscoefficienten $x_u = 4(h+1)$.

5b) Es ist $t_h = -(2h+1)$, $t_k = -2$, alle übrigen $2n-1$ Torsionen sind gleich $|1| \times 180^0$, jedoch so, dass die Anzahl der hierunter befindlichen positiven Torsionen die der negativen um eine Einheit übertrifft: Eine Fläche F_u mit einem negativen Knoten $(h-1)^{\text{ter}}$ Art; $x_u = -4(h+1)$.

5c) Es ist $t_h = +(2h+1)$, $t_k = -2$, alle übrigen $2n-1$ Torsionen sind gleich $|1| \times 180^0$, jedoch so, dass die Anzahl der hierunter befindlichen positiven Torsionen die der negativen um eine Einheit übertrifft: Eine Fläche F_u mit einem positiven Knoten $(h+1)^{\text{ter}}$ Art; $x_u = 4(h+1)$.

5d) Es ist $t_h = -(2h+1)$, $t_k = +2$, alle übrigen $2n-1$ Torsionen sind gleich $|1| \times 180^0$, jedoch so, dass die Anzahl der hierunter befindlichen negativen Torsionen die der positiven um eine Einheit übertrifft: Eine Fläche F_u mit einem negativen Knoten $(h+1)^{\text{ter}}$ Art; $x_u = -4(h+1)$.

Vergleicht man die Fälle, in denen Verbinduugen entstehen, mit den Fällen, welche Knoten liefern, so zeigt sich eine gewisse Correspondenz hinsichtlich der mehr oder minder grossen Allgemeinheit der Torsionscoefficienten der einzelnen Streifen. Wie leicht zu sehen, entsprechen sich die Fälle:

	1) bei Verbindungen	und	1) bei Knoten,
2) und	3) „ „	„	2) „ „
	4) „ „	„	3) „ „
	5) „ „	„	4) „ „
	6) „ „	„	5) „ „

§ 4. Graphische Darstellung.

Die in den zwei vorhergehenden Paragraphen erhaltenen Resultate lassen sich, mit Ausnahme der auf die Torsionscoefficienten bezüglichen Resultate, auch leicht graphisch darstellen, indem man an eine schematische Darstellung anknüpft, welche von Herrn Schuster gegeben ist gelegentlich seiner Untersuchung der Flächengruppen, welche entstehen, wenn man bei einer geschlossenen Fläche, die aus beliebig vielen tordirten Streifen hergestellt ist, den Mittelschnitt führt.[1])

Einige Beispiele mögen diese Darstellungsweise erläutern.

Ist z. B. die Anzahl u der Streifen gleich 3 und sind die einzelnen Torsionscoefficienten $t_1 = t_2 = t_3 = -1$, so haben wir den durch Fig. 25 (Taf. III) dargestellten Fall; rückt man nun die Windungen der einzelnen Torsionen näher zusammen, so entsteht Fig. 26 (Taf. III), und diese ist offenbar äquivalent mit Fig. 27 (Taf. IV), liefert also einen positiven Knoten erster Art in Uebereinstimmung mit § 3, 3.

Der Fall $u = 3$, $t_1 = t_2 = +3$, $t_3 = -1$ wird durch Fig. 28 dargestellt; diese Figur lässt sich leicht in Fig. 29 überführen, woraus sich unmittelbar der negative Knoten erster Art, Fig. 30, ergibt, indem man den Streifentheil AB rückwärts, den Theil CD aufwärts in die Höhe klappt (§ 3, 4a).

Der Fall $u = 4$, $t_1 = 4$, $t_2 = 0$, $t_3 = t_4 = +1$ wird durch Fig. 31 dargestellt, ergibt also, wie unmittelbar ersichtlich, eine Fläche F_1 in positiver Verbindung zweiter Art mit einer Fläche F_3 (§ 2, 1).

Die übrigen Figuren bedürfen kaum weiterer Erläuterung. Fig. 32 repräsentirt den Fall $u = 4$, $t_1 = t_2 = t_3 = t_4 = +1$, ihre Aequivalenz mit Fig. 33 (Taf. V) zeigt, dass man zwei Flächen F_2 in negativer Verbindung zweiter Art erhält (§ 2, 4).

Fig. 34 repräsentirt den Fall $u = 5$, $t_1 = t_2 = t_3 = t_4 = t_5 = +1$, liefert also, da sie mit Fig. 35 äquivalent ist, einen negativen Knoten zweiter Art (§ 3, 3).

---

1) S. h. die bereits citirte Abhandlung von Herrn Schuster, S. 237 f.

Uebrigens wird durch diese graphische Darstellung klar, weshalb beim Vorhandensein positiver und negativer Torsionen um $|1| \times 180^0$ gerade die Differenz zwischen der Anzahl beider Torsionsarten auf den Werth des Torsionscoefficienten der sich ergebenden Fläche von Einfluss ist (vgl. § 2, A). Es heben sich nämlich je eine positive und eine negative Torsion gegenseitig auf, so dass nur noch jene Differenz Einfluss üben kann.

§ 5. Herrn Simony's neuere Erzeugungsweise topologischer Gebilde und Herrn Schuster's topologische Radwelle.

Wir hatten bisher angenommen, dass die einzelnen Streifen einer aus beliebig vielen Streifen zusammengesetzten Fläche insgesammt von einem und demselben Punkte oder von einer kreisförmigen Basis (vgl. Fig. 22, Taf. III) ausgehen und in einem anderen Punkte oder einem anderen kreisförmigen Flächenstücke wieder zusammenlaufen. Für die Gestalt der durch den Mittelschnitt erzeugten Gebilde ist es nun offenbar ganz nebensächlich, ob jene Flächenstücke kreisförmig sind oder nicht. Statt die Ränder zweier Kreisflächen zu verbinden, können die einzelnen Streifen auch zwei beliebige gerade oder krumme Linien mit einander verbinden, ja sie können auch sämmtlich in eine und dieselbe Ebene niedergelegt werden. Im letzteren Falle ergibt sich eine Erzeugungsweise, die mir Herr Simony mittheilte. Wir würden hiernach beim Vorhandensein von drei, resp. vier Streifen etwa solche Flächen erhalten, wie durch die Figuren 36, resp. 37 (Taf. V) dargestellt werden, falls alle Streifen noch frei von Torsionen sind. Will man die Streifen tordiren, so schneide man dieselben an den schraffirten Stellen quer durch, drehe die rechts befindlichen Theile bei positiver Torsion im Sinne des Pfeiles *p*, bei negativer Torsion im entgegengesetzten Sinne und vereinige dann wieder beide Streifentheile. Die punktirte Linie möge den Mittelschnitt andeuten.

Die betreffenden Flächen kann man sich leicht in folgender Weise herstellen: Man lege ein Papierquadrat (Fig. 38) längs seiner Mittelsenkrechten *aa'* und *bb'* zusammen, wie Fig. 39 zeigt, und schneide die schraffirten Stücke weg. Es entfaltet sich alsdann Fig. 39 zu Fig. 36 und stellt eine geschlossene, ebene, aus drei Streifen gebildete Fläche dar. Will man eine Fläche mit vier Streifen herstellen, so sind schraffirte Stücke wegzuschneiden, wie Fig. 40 zeigt, und analog ist weiter zu schreiten, wenn man Flächen mit einer noch grösseren Anzahl Streifen erhalten will.

Wie Herr Schuster gezeigt hat, lassen sich alle Gebilde, welche dem Mittelschnitte einer aus beliebig vielen tordirten Streifen hergestellten geschlossenen Fläche entspringen, auch mit Hilfe der von ihm erfundenen „topologischen Radwelle" erzeugen.[1])

Ich muss dies der Vollständigkeit halber besonders erwähnen und füge noch hinzu, dass mir der genannte Apparat bei meinen Untersuchungen vorzügliche Dienste geleistet hat.

---

1) Näheres hierüber findet man in der bereits mehrfach citirten Arbeit von Herrn Schuster, S. 244 ff.

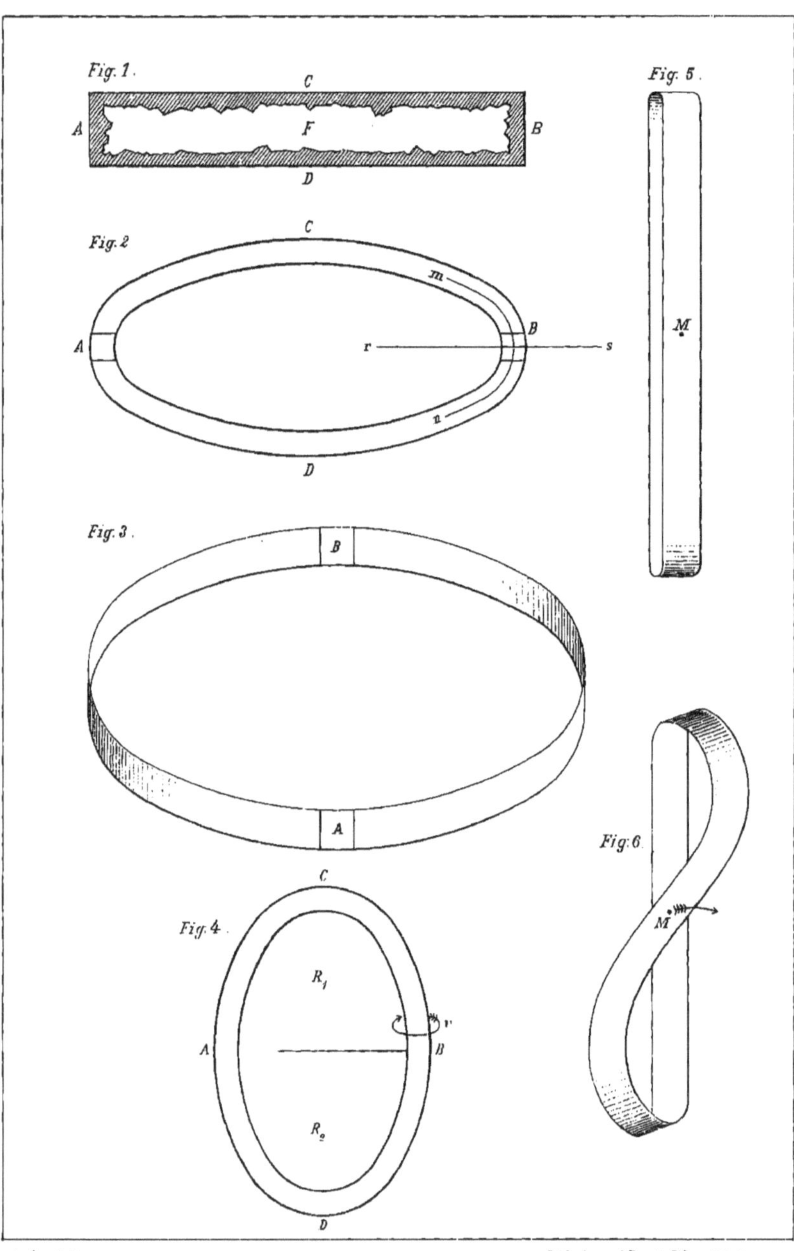

Autor del. Lith. Anst. J. Barth, Wien, Fünfhaus.

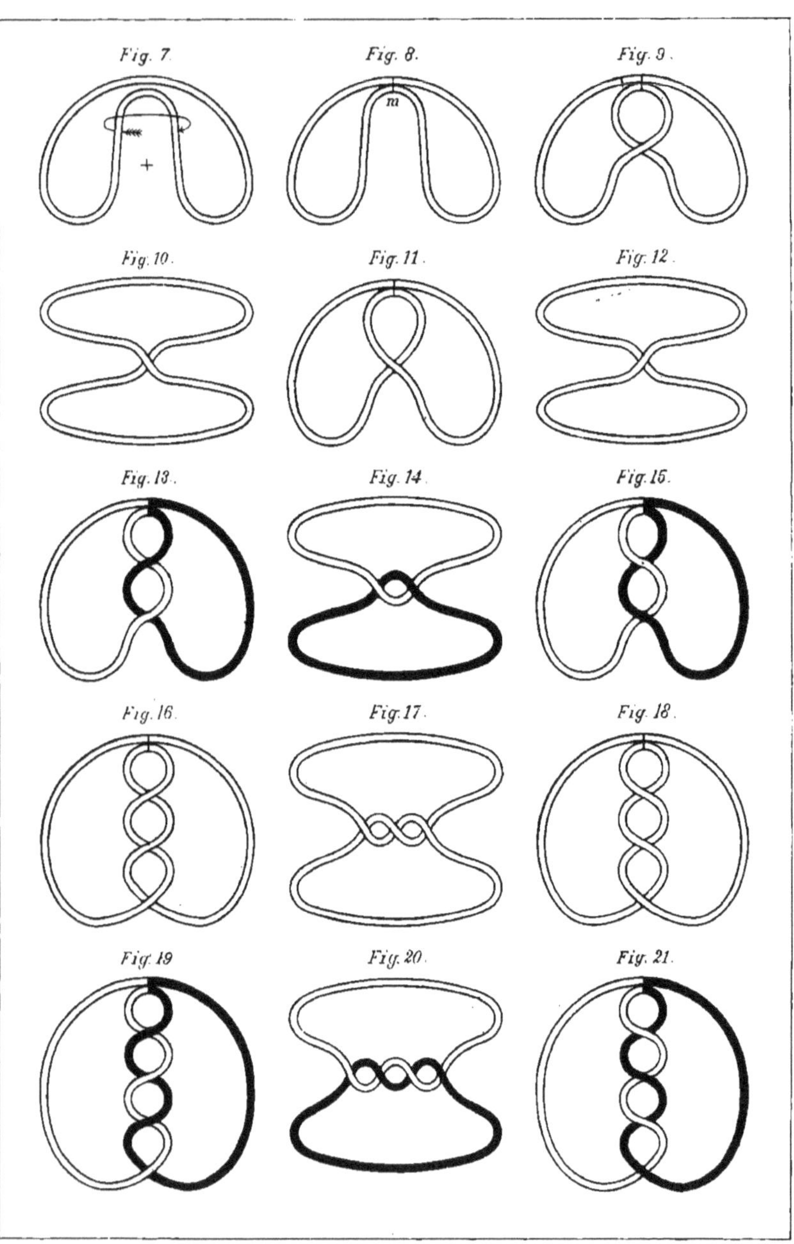

Autor del.

Lith. Anst. J. Barth, Wien, Fünfhaus.

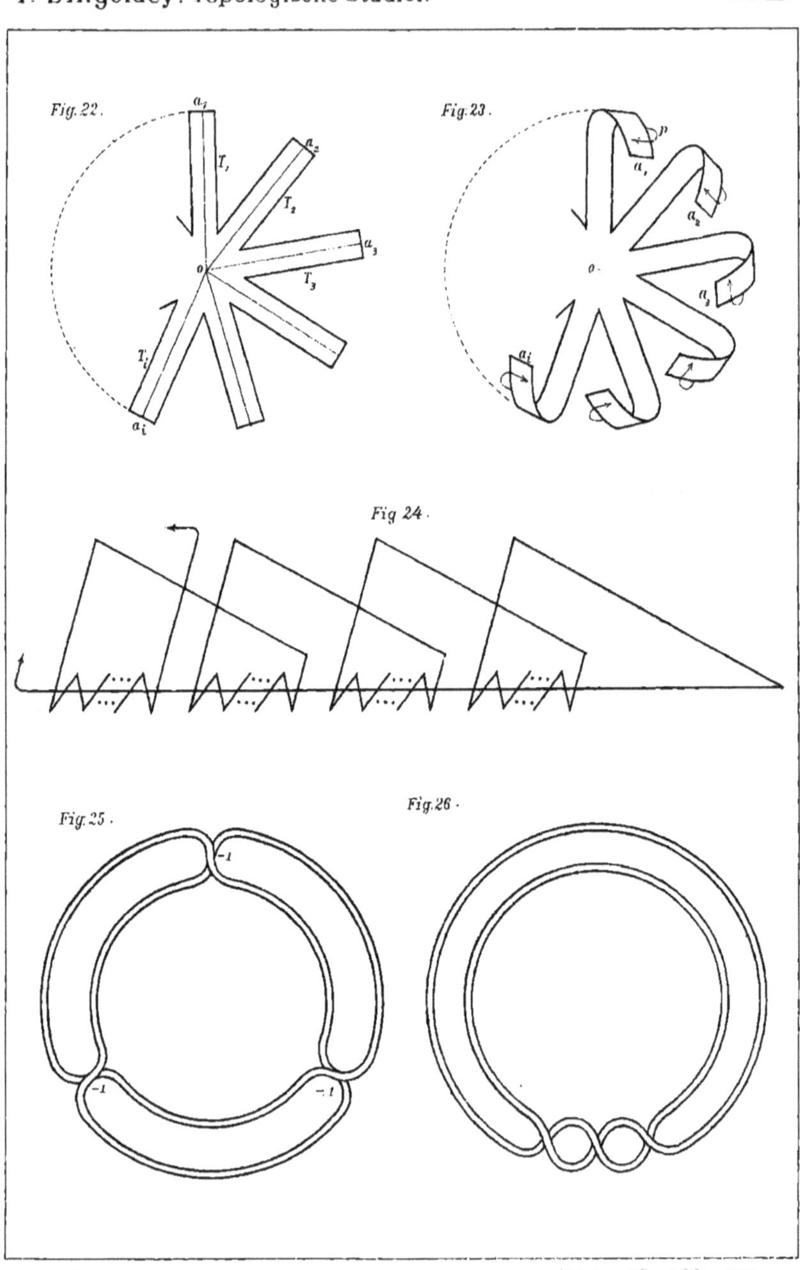

Autor del. Lith. Anst. J. Barth, Wien, Fünfhaus

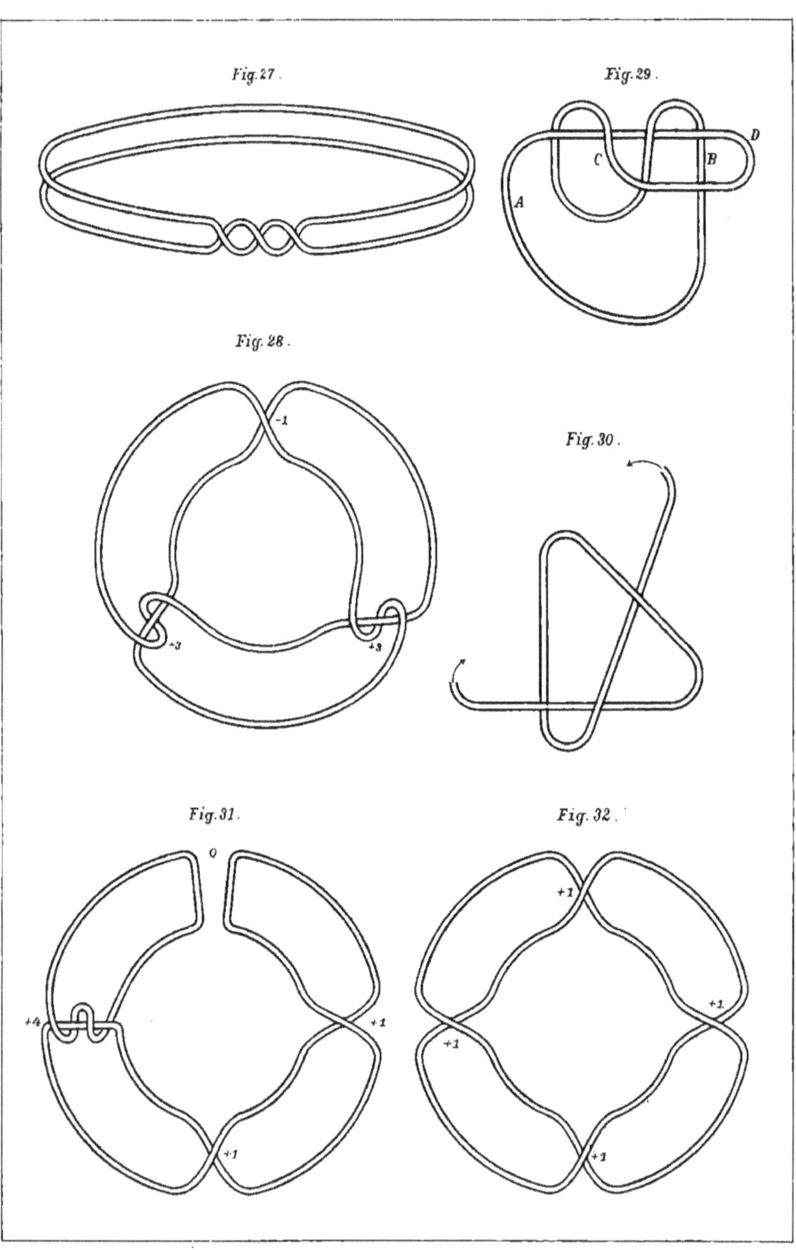

Autor del. Lith. Anst. J. Barth, Wien, Fünfhaus

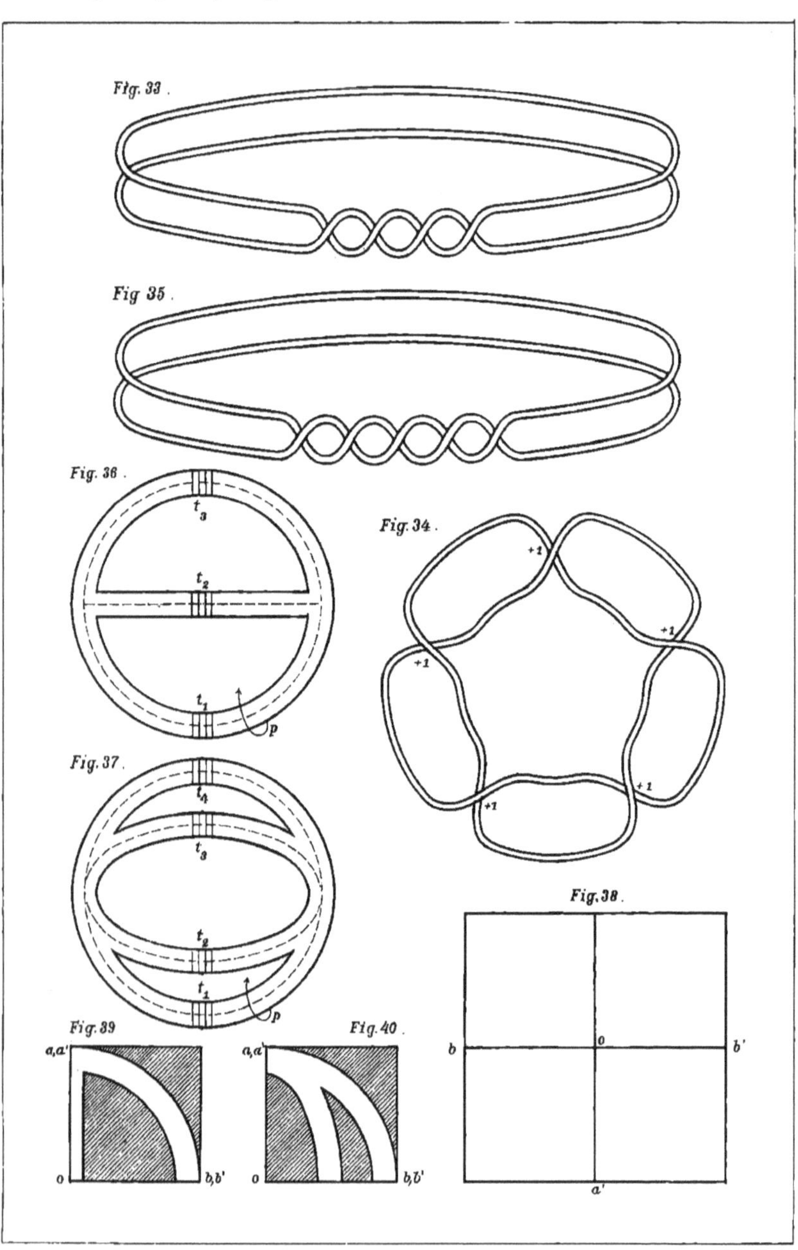

Autor del. Lith. Anst. J. Barth, Wien, Fünfhaus.

www.ingramcontent.com/pod-product-compliance
Lightning Source LLC
Chambersburg PA
CBHW020242090426
42735CB00010B/1798

* 9 7 8 3 7 4 3 6 9 3 5 2 4 *